处世宝典

「学而书馆」编辑组 编

人有冲天之志，非运不能自通。

——吕蒙正

目
录

诫子书 [三国]诸葛亮

　　夫君子之行，静以修身，俭以养德。非澹泊无以明志，非宁静无以致远。夫学须静也，才须学也。非学无以广才，非志无以成学。淫慢则不能励精，险躁则不能冶性。年与时驰，意与日去，遂成枯落，多不接世，悲守穷庐，将复何及！

守弱学 ［西晋］杜预

敬强篇卷一

世之强弱，天之常焉。

强者为尊，不敬则殃；生之大道，乃自知也。

君子不惧死，而畏无礼；小人可欺天，而避实祸。

非敬，爱己矣。智不代力，贤者不显其智；弱须待时，明者毋掩其弱。

奉强损之，以其自乱也；示弱愚之，以其自谬焉。

保愚篇卷二

人不知者多矣。知之幸也，不知未咎。

智以智取，智不及则乖；愚以愚胜，愚有余则逮。

智或难为，愚则克之，得无人者皆愚乎？

上不忌愚，忌异志也；下不容诈，容有诚也。

上明而下愚，危亦安；下聪而上昏，运必尽。

言智者莫畏，畏言愚也。

安贫篇卷三

贫无所依，不争惟大；困有心贼，抑之无恙；不恶窘者，知天也。

惰以致贫，羞也；廉以不富，荣也；骞以无货，嗟也。

贵生败儿，贱出公卿；达无直友，难存管鲍。

勿失仁者终富，天酬焉；莫道苦者终盛，人敬矣。

抑尊篇卷四

尊者未必强，名实弗契也；霸者存其弱，胜败无常焉。

弱不称尊，称必害；强勿逾礼，逾则寇。

不罪于下，祸寡也；目无贵贱，君子也；心系名利，小人也。君子尊而泽人，小人贵而害众。

至善无迹，然惠存也；至尊无威，然心慑耳。

守卑篇卷五

人卑莫僭，赢马勿驰；草木同衰，咸存其荣。

君不正臣谲，君之过也；上无私下谠，上之功也。

功过由人，尊卑守序。卑不弄权，轻焉；宠不树敌，绝焉；陋不论道，暴焉。

堪亲者非贵，远之不辱也；毋失者乃节，恃之必成矣。

示缺篇卷六

天非尽善，人无尽美；不理之璞，其真乃存。

求人休言吾能，悦上故彰己丑，治下不夺其功。

君子示其短，不示其长；小人用其智，不用其拙。不测之人，高士也。

内不避害，害止于内焉；外不就祸，祸拒于外哉。

忍辱篇卷七

至辱非辱，乃自害也；至忍非忍，乃自谅也。

君子不怨人，怨天也；小人不畏君子，畏罚也。

君子小人，辱之可鉴焉。

强而无仁，天辱之；弱而不振，人辱之。

辱不灭人，灭于纵怒。大辱加于智者，寡焉；大难止于忍者，息焉。

恕人篇卷八

天威贵德，非罚也；人望贵量，非显也。

恕人恕己，愈蹙愈为。君子可恕，其心善焉；小人可恕，其情殆焉。不恕者惟事也。

富而怜贫，莫损其富；贫而助人，堪脱其贫。

人不恕吾，非人过也；吾不恕人，乃吾罪矣。

弱胜篇卷九

名弱者，实大用也；致胜者，未必优也。

弱而人怜，怜则助；劣而人恕，恕则幸；庸而人纳，纳则遇。

以贱为耻，其人方奋；以拙为憾，其人乃进。无依者自强，势所迫焉。

贤以义胜，义不容恶也；忠以诚归，诚不输奸也。

处世悬镜 [南北朝] 傅昭

识之卷一

天地载道，道存则万物生，道失则万物灭。

天道之数，至则反，盛则衰。炎炎之火，灭期近矣。

自知者智，自胜者勇，自暴者贱，自强者成。

不矜细行，终毁大德。

夫用人之道，疑则生怨，信则共举。

有胆无识，匹夫之勇；有识无胆，述而无功；有胆有识，大业可成。

柔舌存而坚齿亡，何也？以柔胜刚。

见一落叶，而知秋临；睹洼中之冰，而晓天寒。

用人者，取人之长，辟人之短；教人者，成人之长，去人之短也。

岁寒乃见松柏本色，事险方显朋友伪贤。

天地赋命，生必有死；草木春秋，亦枯亦荣。

智莫难于知人，痛莫苦于去私。

君子之生于世也，为其所可为，不为其所不可为。

胆劲心方，虽弱亦强。

以势友者，势倾则断；以利友者，利穷则散。

谄谀逢迎之辈，君子鄙之。何以货利而少舛？上之需也。

纲举目张，执本末从。

天下皆知取之为取，而莫知与之为取。

金玉满堂，久而不知其贵；兰蕙满庭，久而不闻其香。故鲜生喜，熟生厌也，君子戒之。

谦谦君子，卑以自牧；伐矜好专，举事之祸也。

一贵一贱，乃知世态；一死一生，乃知交情。

纵欲者，众恶之本；寡欲者，众善之基。

行之卷二

欲成事必先自信，欲胜人必先胜己。

君子受言以明智，骄横孤行祸必自生。

孟子曰："虽有智慧，不如乘势；虽有镃基，不如待时。"时者，机遇也。

子曰："君子和而不同，小人同而不和。"故君子得道，小人求利。

孟子曰："富贵不能淫，贫贱不能移，威武不能屈，此之谓大丈夫。"

非知之实难；惟行之，艰也。

令行生威，威而有信，信则服众。

蓄不久则著不盛，积不深则发不茂。

学贵有恒，勤能补拙。

宁忍胯下之辱，不失丈夫之志。

当断不断，必有祸乱；当断则断，不留祸患。

精于理者，其言易而名；粗于事者，其言浮而狂。故言浮者亲行之，其形可见矣。

五岳之外，尚有山尊；至上之人，亦有圣人。

止之卷三

大怒不怒，大喜不喜，可以养心；靡俗不交，恶党不入，可以立身；小利不争，小忿不发，可以和众。

见色而忘义，处富贵而失伦，谓之逆道。逆道者，患之将至。

恩不可过，过施则不继，不继则怨生；情不可密，密交则难久，中断则疏薄之嫌。

不贪权，敞户无险；不贪杯，心静身安。

直木先伐，全璧受疑；知止能退，平静其心。

养心莫善于寡欲，养廉莫善于止贪。

高飞之鸟，死于美食；深潭之鱼，亡于芳饵。

外贵而骄，败之端也；处富而奢，衰之始也。去骄戒奢，惟恭惟俭。

钱字拆开，乃两戈争金，世人应晓其险也。

廉于小者易，廉于大者难；廉于始者易，廉于终者难。

全则必缺，极则必反，盈则必亏。

改过宜勇，迁善宜速。迷途知返，得道未远。

藏之卷四

有功而能谦者豫，有才而恃显者辱。

山以高移，谷以卑安，恭则物服，骄则必挫。

蝼蚁之穴，能毁千里之堤；三寸之舌，可害身家性命。

德行昭著而守以恭者荣，功高不骄而严以正者安。

聪明过露者德薄，才华太盛者福浅。

自高者处危，自大者势孤，自满者必溢。

人情警于抑而放于顺，肆于誉而救于毁。君子宁抑而济，毋顺而溺；宁毁而周，毋誉而缺。

觉人之诈，不形于言；受人之侮，不动于色。此中有无穷意味。

良贾深藏若虚，君子盛德不显。

持盈履满，君子兢兢；位不宜显，过显则危。

柔之戒，弱也；刚之戒，强也。

忍之卷五

和者无仇，恕者无怨，忍者无辱，仁者无敌。

忍一言风平浪静，退一步海阔天空。

必有忍，其乃有济；有容，德乃大。

千尺之松，不蔽其根者，独立无辅也；百里之林，鸟兽群聚者，众木威济也。故贤者聚众而成事，恕众而收心。

宁让人，勿使人让我；宁容人，勿使人容我；宁亏己，勿使我亏人。此君子之为也。

与人当宽，自处当严。

不制怒，无以纳谏；不从善，无以改过。

不期而遇，时也；无利而助，诚也。助而无怨，是为君子之德。

容人者容，治人者治。

狭路行人，让一步为高；酒至酣处，留三分最妙。

信之卷六

宽则得众，恭者宜人，信则信人，敏者功成。

厚德可载物，拙诚可信人。

忠信谨慎，此德义之基也；虚无诡谲，此乱道之根也。

践行其言而人不信者有矣，未有不践言而人信之者。

巧伪似虹霓，易聚易散；拙诚似厚土，地久天长。

自谋不诚，则欺心而弃己；与人不诚，则丧德而增怨。

修学不以诚，则学浅；务事不以诚，则事败。

友者，温不增华，寒不改叶，富不忘旧，历夷险而益固。

坚石碎身，共性不易，君子素诚，其色不改。

夫信天地之诚，四时生焉，春华秋实；夫信人之诚，同尔趋之，霸业兴焉。

君子不失信于人，不失色于人。

君子行法，公而忘私；小人行贪，囊私弃公。

曲之卷七

水曲流长，路曲通天，人曲顺达。

豪夺不如智取，己争不如借力。

山势崇峻，则草木不茂；水势湍急，则鱼鳖不生。观山水可以观人矣。

屈己者和众，宽人者得人。

自重者生威，自畏者免祸。

用心而志大，智圆而行方，才显而练达，成事之基。

渊深鱼聚，林茂鸟栖。

处大事贵乎明尔能断，处难事贵乎通而能变。

择路宜直，助人宜曲；谋事宜秘，处人宜宽。

圣人不能为时，而能以事适时，事适于时者其功大。

山，水绕之；林，鸟栖之，曲径可通幽也。

处君子宜淡，处小人当隙，处贼徒当方圆并用。

厚之卷八

兵不厌诈，击敌无情。

在上者，患下之骄；在下者，患上之疑。故下骄，上必削之；上疑，下必惧之。

人心叵测，私欲惑尔，去私则仁生。

縻情羁足，疑事无功。

毒来毒往，毒可见矣。

蜂虿之毒，可伤肌肤；人心之黑，可弥日月。

无欲则生仁，欲盛则怀毒。

君子怀德养人，小人趋利害人。怀德者德彰，趋利奢利显。

行事审己，旨在利弊。

有奇思方有奇行，有奇举必有奇事。成大事者，鲜有循规蹈矩之行。

舍之卷九

伐欲以炼情，绝俗以达志。

大勇无惧，命之不惜，何足惧哉？

穷思变，思变则通；贵处尊，处尊则怠。

逐利而行多怨，割爱适众身安。

将欲扬之，必先抑之；将欲取之，必先予之。

君子不为轩冕失节，不为穷约趋俗。

贤而多财，则损其志；愚而多财，则益其过。

富贵生淫逸，沉溺致愚疾。

溺财伤身，散财聚人。

退以求进，舍以求得。

止学 [隋]王通

智卷第一

智极则愚也。圣人不患智寡，患德之有失焉。

才高非智，智者弗显也；位尊实危，智者不就也。大智知止，小智惟谋，智有穷而道无尽哉。

谋人者成于智，亦丧于智；谋身者恃其智，亦舍其智也。智有所缺，深存其敌，慎之少祸焉。

智不及而谋大者毁，智无竭而谋远者逆。智者言智，愚者言愚，以愚饰智，以智止智，智也。

用势卷第二

势无常也，仁者勿恃；势伏凶也，智者不矜。

势莫加君子，德休与小人。君子势不于力也，力尽而势亡焉；小人势不惠人也，趋之必祸焉。

众成其势，一人堪毁；强者凌弱，人怨乃弃。势极无让者疑，位尊弗恭者忌。

势或失之，名或谤之，少怨者再得也；势固灭之，人固死之，无骄者惠嗣焉。

利卷第三

惑人者无逾利也。利无求弗获，德无施不积。

众逐利而富寡，贤让功而名高。利大伤身，利小惠人，择之宜慎也。天贵于时，人贵于明，动之有戒也。

众见其利者，非利也；众见其害者，或利也。君子重义轻利，小人嗜利远信，利御小人而莫御君子矣。

利无尽处，命有尽时，不怠可焉。利无独据，运有兴衰，存畏警焉。

辩卷第四

物朴乃存，器工招损；言拙意隐，辞尽锋出。

识不逾人者，莫言断也；势不及人者，休言讳也；力不胜人者，勿言强也。

王者不辩，辩则少威焉；智者讷言，讷则感敌焉；勇者无语，语则怯行焉。

忠臣不表其功，窃功者必奸也；君子堪隐人恶，谤贤者固小人矣。

誉卷第五

好誉者多辱也。誉满主惊，名高众之所忌焉。

誉存其伪，诒者以誉欺人；名不由己，明者言不自赞。贪巧之功，天不佑也。

赏誉勿轻，轻则誉贱，誉贱则无功也；受誉知辞，辞则德显，显则释疑也。上下无争，誉之不废焉。

人无誉堪存，誉非正当灭。求誉不得，或为福也。

情卷第六

情滥无行，欲多失矩；其色如一，鬼神莫测。

上无度失威，下无忍莫立。上下知离，其位自安。君臣殊密，其臣反殃。小人之荣，情不可攀也。

情存疏也，近不过已，智者无痴焉；情难追也，逝者不返，明者无悔焉。

多情者多艰，寡情者少难。情之不敛，运无幸耳。

蹇卷第七

人困乃正，命顺乃奇；以正化奇，止为枢也。

事变非智勿晓，事本非止勿存。天灾示警，逆之必亡；人祸告诫，省之固益。躁生百端，困出妄念，非止莫阻害之蔓焉。

视己勿重者重，视人为轻者轻。患以心生，以蹇为乐，蹇不为蹇矣。

穷不言富，贱不趋贵；忍辱为大，不怒为尊。蹇非敌也，敌乃乱焉。

释怨卷第八

世之不公，人怨难止；穷富为仇，弥祸不消。

君子不念旧恶，旧恶害德也；小人存隙必报，必报自毁也。和而弗争，谋之首也。

名不正而谤兴，正名者必自屈焉；惑不解而恨重，释惑者固自罪焉。私念不生，仇怨不结焉。

宽不足以悦人，严堪补也；敬无助于劝善，诤堪教矣。

心卷第九

欲无止也，其心堪制；惑无尽也，其行乃解。

不求于人，其尊弗伤；无嗜之病，其身靡失。自弃者人莫救也。

苦乐无形，成于心焉；荣辱存异，贤者同焉。事之未济，志之非达，心无怨而忧患弗加矣。

仁者好礼，不欺其心也。智者示愚，不显其心哉。

修身卷第十

服人者德也。德之不修，其才必曲，其人非善矣。

纳言无失，不辍亡废；小处容疵，大节堪毁。敬人敬心，德之厚也。

诚非虚致，君子不行诡道；祸由己生，小人难于胜己。谤言无惧，强者不纵，堪验其德焉。

不察其德，非识人也；识而勿用，非大德也。

钱本草 [唐]张说

钱，味甘，大热，有毒。偏能驻颜，采泽流润，善疗饥，解困厄之患立验。能利邦国，污贤达，畏清廉。贪者服之，以均平为良；如不均平，则冷热相激，令人霍乱。

其药，采无时，采之非理则伤神。此既流行，能召神灵，通鬼气。如积而不散，则有水火盗贼之灾生；如散而不积，则有饥寒困厄之患至。一积一散谓之道，不以为珍谓之德，取与合宜谓之义，无求非分谓之礼，博施济众谓之仁，出不失期谓之信，入不妨己谓之智。以此七术精炼，方可久而服之，令人长寿。若服之非理，则弱志伤神，切须忌之。

度心术 ［唐］李义府

度心第一

吏者，能也，治之非易焉。

仁者，鲜也，御之弗厚焉。

志大不朝，欲寡眷野。

才高不羁，德薄善诈。

民之所畏，吏无惧矣。

狡吏恃智，其勇必缺，迫之可也。

悍吏少谋，其行多疏，挟之可也。

廉吏固傲，其心系名，誉之可也。

治吏治心，明主不弃背己之人也。

知人知欲，智者善使败德之人焉。

御心第二

民所求者，生也；君所畏者，乱也。

无生则乱，仁厚则安。

民心所向，善用者王也。

人忌吏贪，示廉者智也。

众怨不积，惩恶勿纵。

不礼于士，国之害也，治国固厚士焉。

士子娇狂，君之患也，御民必警士焉。

士不怨上，民心堪定矣。

刑烈无刑，法乱无法，化人以德也。

权重勿恃，名高勿寄，树威以信也。

擒心第三

德不悦上，上赏其才也。

才不服下，下敬其恕也。

才高不堪贱用，贱则失之。

能微莫付权贵，贵则毁己。

才大无忠者，用之祸烈也。

人不乏其能，贤者不拒小智。

智或存其失，明者或弃大谋。

不患无才，患无用焉。

技显莫敌禄厚，堕志也。

情坚无及义重，败心矣。

欺心第四

愚人难教，欺而有功也。

智者亦俗，敬而增益也。

自知者明，人莫说之。

身危者骇，人勿责之。

无信者疑，人休蔽之。

诡不惑圣，其心静焉。

正不屈敌，其意谲焉。

诚不悦人，其神媚焉。

自欺少忧，醒而愁剧也。

人欺不怒，忿而再失矣。

纵心第五

国盛势衰，纵其强损焉。

人贵势弱，骄其志折焉。

功高者抑其权，不抑其位。

名显者重其德，不重其名。

败寇者纵之远，不纵之近。

君子勿拘，其心无拘也。

小人纵欲，其心惟欲也。

利己纵之，利人束之，莫以情易耳。

心可纵，言勿滥也。

行可偏，名固正也。

构心第六

富贵乃争，人相构也。

生死乃命，心相忌也。

构人以短，莫毁其长。

伤人于窘，勿击其强。

敌之不觉，吾必隐真矣。

贬之非贬，君子之谋也。

誉之非誉，小人之术也。

主臣相疑，其后谤成焉。

人害者众，弃利者免患也。

无妒者稀，容人者释忿哉。

逆心第七

利厚生逆，善者亦为也。

势大起异，慎者亦趋焉。

主暴而臣诤，逆之为忠。

主昏而臣媚，顺之为逆。

忠奸莫以言辩，善恶无以智分。

谋逆先谋信也，信成则逆就。

制逆先制心也，心服则逆止。

主明奸匿，上莫怠焉。

成不足喜，尊者人的也。

败不足虞，庸者人恕耳。

夺心第八

众心异，王者一。

慑其魄，神鬼服。

君子难不丧志，释其难改之。

小人贵则气盛，举其污泄之。

穷堪固守，凶危不待也。

察伪言真，恶不敢为。

神褫之伤，愈明愈痛。

苛法无功，情柔堪毕焉。

治人者必人治也，治非善哉。

屈人者亦人屈也，屈弗耻矣。

警心第九

知世而后存焉。

识人而后幸焉。

天警人者，示以灾也。

神警人者，示以祸也。

人警人者，示以怨也。

畏惩勿诫，语不足矣。

有悔莫罚，责于心乎。

势强自威，人弱自惭耳。

变不可测，小戒大安也。

意可曲之，言虚实利也。

诛心第十

诛人者死，诛心者生。

征国易，征心难焉。

不知其思，无以讨之。

不知其情，无以降之。

其欲弗逞，其人殆矣。

敌强不可言强，避其强也。

敌弱不可言弱，攻其弱也。

不吝虚位，人自拘也。

行伪于谶，谋大有名焉。

指忠为奸，害人无忌哉。

荣枯鉴　[五代] 冯道

圆通卷一

善恶有名，智者不拘也；天理有常，明者不弃也。

道之靡通，易者无虞也。

惜名者伤其名，惜身者全其身；名利无咎，逐之非罪，过乃人也。

君子非贵，小人非贱，贵贱莫以名世；君子无得，小人无失，得失无由心也。

名者皆虚，利者惑人，人所难拒哉。

荣或为君子，枯必为小人；君子无及，小人乃众，众不可敌矣。

名可易事难易也，心可易命难易也，人不患君子，何患小人焉？

闻达卷二

仕不计善恶，迁无论奸小；悦上者荣，悦下者蹇。

君子悦下，上不惑名；小人悦上，下不惩恶。

下以直为美，上以媚为忠；直而无媚，上疑也；媚而无直，下弃也。

上疑祸本，下弃毁誉，荣者皆有小人之谓，盖固本而舍末也。

富贵有常，其道乃实；福祸非命，其道乃察。

实不为虚名所羁，察不以奸行为耻；无羁无耻，荣之义也。

求名者莫仕，位非名也；求官者莫名，德非荣也。

君子言心，小人攻心，其道不同，其效自异哉。

解厄卷三

无忧则患烈也；忧国者失身，忧己者安命。

祸之人拒，然亦人纳；祸之人怨，然亦人遇。

君子非恶，患事无休；小人不贤，余庆弗绝。

上不离心，非小人难为；下不结怨，非君子勿论。

祸于上，无辩自罪者全；祸于下，争而罪人者免。

君子不党，其祸无援也；小人利交，其利人助也。

道义失之无惩，祸无解处必困，君子莫能改之，小人或可谅矣。

交结卷四

智不拒贤，明不远恶，善恶咸用也。

顺则为友，逆则为敌，敌友常易也。

贵以识人者贵，贱以养奸者贱；贵不自贵，贱不自贱，贵贱易焉。

贵不贱人，贱不贵人，贵贱久焉。

人冀人愚而自明，示人以愚，其谋乃大；人忌人明而自愚，智无潜藏，其害无止。

明不接愚，愚者勿长其明；智不结怨，仇者无惧其智。

君子仁交，惟忧仁不尽善；小人阴结，惟患阴不制的。君子弗胜小人，殆于此也。

节仪卷五

外君子而内小人者，真小人也；外小人而内君子者，真君子也。

德高者不矜，义重者轻害。

人慕君子，行则小人，君子难为也；人怨小人，实则忘义，小人无羁也；难为获寡，无羁利丰，是以人皆小人也。

位高节低，人贱义薄。

君子不堪辱其志，小人不堪坏其身；君子避于乱也，小人达于朝堂。

节不抵金，人困难为君子；义不抵命，势危难拒小人。

不畏人言，惟计利害，此非节义之道，然生之道焉。

明鉴卷六

福不察非福，祸不预必祸；福祸先知，事尽济耳。

施小信而大诈逞，窥小处而大谋定。

事不可绝，言不能尽，至亲亦戒也。

佯惧实忍，外恭内忌，奸人亦惑也。

知戒近福，惑人远祸，俟变则存矣。

私人惟用，其利致远；天恩难测，惟财可恃。

以奸治奸，奸灭自安；伏恶勿善，其患不生。

计非金者莫施，人非智者弗谋，愚者当戒哉。

谤言卷七

人微不诤，才庸不荐。

攻其人忌，人难容也。

陷其窘地人自污，谤之易也；善其仇者人莫识，谤之奇也；究其末事人未察，谤之实也；设其恶言人弗辩，谤之成也。

谤而不辩，其事自明，人恶稍减也；谤而强辩，其事反浊，人怨益增也。

失之上者，下必毁之；失之下者，上必疑之。

假天责人掩私，假民言事见信，人者尽惑焉。

示伪卷八

无伪则无真也。真不忌伪，伪不代真，忌其莫辩。

伪不足自祸，真无忌人恶。

顺其上者，伪非过焉；逆其上者，真亦罪焉。

求忌直也，曲之乃得；拒忌明也，婉之无失。

忠主仁也，君子仁不弃旧；仁主行也，小人行弗怀恩。

君子困不惑人，小人达则背主，伪之故，非困达也。

俗礼，不拘者非伪；事恶，守诺者非信。物异而情易矣。

降心卷九

以智治人，智穷人背也；伏人慑心，其志无改矣。

上宠者弗明贵，上怨者休暗结。

术不显则功成，谋暗用则致胜。

君子制于亲，亲为质自从也；小人畏于烈，奸恒施自败也。

理不直言，谏非善辩，无嫌乃及焉。情非彰示，事不昭显，顺变乃就焉。

仁堪诛君子，义不灭小人，仁义戒滥也；恩莫弃贤者，威亦施奸恶，恩威戒偏也。

揣知卷十

善察者知人，善思者知心；知人不惧，知心堪御。

知不示人，示人者祸也；密而测之，人忌处解矣。

君子惑于微，不惑于大；小人虑于近，不虑于远。

设疑而惑，真伪可鉴焉；附贵而缘，殃祸可避焉。

结左右以观情，无不知也；置险难以绝念，无不破哉。

寒窑赋 [宋]吕蒙正

天有不测风云，人有旦夕祸福。蜈蚣百足，行不及蛇；雄鸡两翼，飞不过鸦。马有千里之程，无骑不能自往；人有冲天之志，非运不能自通。

盖闻：人生在世，富贵不能淫，贫贱不能移。文章盖世，孔子厄于陈邦；武略超群，太公钓于渭水。颜渊命短，殊非凶恶之徒；盗跖年长，岂是善良之辈？尧帝明圣，却生不肖之儿；瞽叟愚顽，反生大孝之子。张良原是布衣，萧何称谓县吏。晏子身无五尺，封作齐国宰相；孔明卧居草庐，能作蜀汉军师。楚霸虽雄，败于乌江自刎；汉王虽弱，竟有万里江山。李广有射虎之威，到老无封；冯唐有乘龙之才，一生不遇。韩信未遇之时，无一日三餐，及至遇行，腰悬三尺玉印，一旦时衰，死于阴人之手。

有先贫而后富，有老壮而少衰。满腹文章，白发竟然不中；才疏学浅，少年及第登科。深院宫娥，运退反为妓妾；风流妓女，时来配作夫人。

青春美女，却招愚蠢之夫；俊秀郎君，反配粗丑之妇。蛟龙未遇，潜水于鱼鳖之间；君子失时，拱手于小人之下。衣服虽破，常存仪礼之容；面带忧愁，每抱怀安之量。时遭不遇，只宜安贫守份；心若不欺，必然扬眉吐气。初贫君子，天然骨骼生成；乍富小人，不脱贫寒肌体。

天不得时，日月无光；地不得时，草木不生；水不得时，风浪不平；人不得时，利运不通。注福注禄，命里已安排定，富贵谁不欲？人若不依根基八字，岂能为卿为相？

吾昔寓居洛阳，朝求僧餐，暮宿破窑，思衣不可遮其体，思食不可济其饥，上人憎，下人厌，人道我贱，非我不弃也。今居朝堂，官至极品，位置三公，身虽鞠躬于一人之下，而列职于千万人之上，有挞百僚之杖，有斩鄙吝之剑；思衣而有罗锦千箱，思食而有珍馐百味；出则壮士执鞭，入则佳人捧觞；上人宠，下人拥。人道我贵，非我之能也，此乃时也，运也，命也。

嗟呼！人生在世，富贵不可尽用，贫贱不可自欺。听由天地循环，周而复始焉。

驭人经 [明]张居正

驭吏卷一

吏不治,上无德也;吏不驭,上无术也。吏骄则斥之,吏狂则抑之,吏怠则警之,吏罪则罚之。明规当守,暗规勿废焉;君子无为,小人或成焉。

驭才卷二

上驭才焉,下驭庸焉。才不侍昏主,庸不从贤者。驭才自明,驭庸自谦。举之勿遗,用之勿苛也;待之勿薄,罚之勿轻也。

驭士卷三

驭人必驭士也，驭士必驭情也。敬士则和，礼士则友，蔑士则乱，辱士则敌。以文驭士，其术莫掩；以武驭士，其武莫扬。士贵己贵，士贱己贱矣。

驭忠卷四

忠者直也，不驭则窘焉；忠者烈也，不驭则困焉。乱不责之，安不弃之。孤则援之，谤则宠之。私不驭忠，公堪改志也；赏不驭忠，旌堪励众也。

驭奸卷五

奸不绝，惟驭少害也；奸不止，惟驭可制也。以利使奸，以智防奸，以力除奸，以忍容奸。君子不计恶，小人不虑果。罪隐不发，罪昭必惩矣。

驭智卷六

智不服愚也，智不拒诚也。智者驭智，不以智取；尊者驭智，不以势迫；强者驭智，不以力较。智不及则纳谏，事不兴则恃智。不忌其失，惟记其功。智不负德者焉。

驭愚卷七

愚者不悟，诈之；愚者不智，谋之；愚者不慎，误之。君子驭愚，施以惠也；小人驭愚，施以诺也。驭者勿愚也。大任不予，小诺勿许。蹇则近之，达则远之矣。

驭心卷八

不知其心，不驭其人也；不知其变，不驭其时也。君子拒恶，小人拒善。明主识人，庸主进私。不惜名，勿吝财，莫嫌仇。人皆堪驭焉。

韬晦术 [明]杨慎

隐晦卷第一

东坡曰:"古之圣人将有为也,必先处晦而观明,处静而观动,则万物之情,毕陈于前。"

夫藏木于林,人皆视而不见,何则?以其与众同也。藏人于群,而令其与众同,人亦将视而不见,其理一也。

木秀于林,风必摧之;人拔乎众,祸必及之,此古今不变之理也。是故德高者愈益偃伏,才俊者尤忌表露,可以藏身远祸也。

荣利之惑于人大矣,其所难居。上焉者,守之以道,虽处亢龙之势而无悔。中焉者,守之以礼,战战兢兢,如履薄冰,仅保无过而已。下焉者,率性而行,不诛即废,鲜有能保其身者。

人皆知富贵为荣,却不知富贵如霜刃;人皆知贫贱为辱,却不知贫贱乃养身之德。倘知贫贱之德，诵之不辍，始可履富贵之地矣。

处晦卷第二

夫阳无阴不生，刚无柔不利，明无晦则亡，是故二者不可偏废。合则收相生相济之美，离则均为无源之水，虽盛不长。

晦者如崖，易处而难守，惟以无事为美，无过为功，斯可以免祸全身矣。势在两难，则以诚心处之，坦然荡然若无事然，勿存机心，勿施巧诈，方得事势之正。

物非苟得则有患得患失之心，而患得当先患失，患失之谋密，始可得而无患，得而不失。音大者无声，谋大者无形，以无形之谋谛有形之功，举天下之重犹为轻。

事之晦者或幽远难见，惟有识者鉴而明之，从容谛谋，收奇效于久远。祸福无常，惟人自招。祸由己作，当由己承，嫁祸于人，君子不为也。

福无妄至，无妄之福常随无妄之祸，得福反受祸，拒祸当辞福，福祸之得失尤宜用心焉。

养晦卷第三

夫明晦有时，天道之常也，拟于人事则珠难形辨。或曰："'君子以自强不息'，何用晦为？"此言虽佳，然失之于偏。

天有阴晴，世有治乱，事有可为不可为。知其理而为之谓之明智，反之则为愚蠢。晦非恒有，须养而后成。善养者其利久远，不善养者祸在目前。晦亦非难养也，琴书小技，典故经传，善用之则俱为利器。醇酒醉乡，山水烟霞，尤为养晦之炉鼎。

人所欲者，顺其情而与之。我所欲者，匿而掩之，然后始可遂我所欲。君子养晦，用发其光；小人养晦，冀逞凶顽。晦虽为一，秉心不同。至若美人遭嫉，英雄多难，非养晦何以存身？愚者人嗤，我则悦安，心非悦愚，悦其晦也。愚如不足，则加以颠。既愚且颠，谁谓我贤？养晦之功，妙到毫巅。

谋晦卷第四

若夫天时突变，人事猝兴，养晦则难奏肤功，斯即谋晦之时也。

晦以谋成，益见功用，随匪由正道，却不失于正，以其用心正也。谋晦当能忍，能忍人所不能忍，始成人所不能成之晦，而成人所不能成之功。

夫事有不可行而又势在必行，则假借行之势以明不可行之理，是行而不行矣。破敌谋、挫敌锋，勇武猛鸷，不如晦之为用。至若万马奔腾、千军围攻，我困孤城，勇既不敌，力不相侔，惟谋惟晦，可以全功。

晦者忌名也，以名近明，有亢上有悔之虞。负君子之重名，偶行小人之事，斯亦谋晦之道也。己所不欲，拂逆则伤人之情，不若引人入晦，同晦则同欲，无逆意之患矣。人欲无厌，拒之则害生，从之则损己，姑且损己从人，继而尽攘为己有。居众所必争之地，谋晦以全身，谋晦以建功，此又谋晦之大者也。

诈晦卷第五

诈虽恶名，亦属奇谋。孙子曰："兵不厌诈。"施之于常时，人亦难防。运诈得理，可以成晦焉。

直道长而难行，歧路多而忧亡羊，妙心辨识，曲径方可通幽。

诈以求生，晦以图存。非不由直道，直道难行也。操以诈而兴，莽以诈得名，诈之为术亦大矣，虽贤人有所不免。厌诈而行实，固君子之本色；昧诈而堕谋，亦取讥于当世。是以君子不喜诈谋，亦不可不识诈之为谋。

人皆喜功而诿过，我则揽过而推功，此亦诈也，卒得功而无过。君臣之间，夫妇之际，尽心焉常有不欢，小诈焉愈更亲密，此理甚微，识之者鲜。诈亦非易为也，术不精则败，反受其害，心不忍不成，徒成笑柄。

避晦卷第六

《易》曰："趋吉避凶。"夫祸患之来，如洪水猛兽，走而避之则吉，逆而迎之则亡。是故兵法三十六，走为最上策。

避非只走也，其道多焉。最善者莫过于晦也。扰敌、惑敌，使敌失觉，我无患焉。察敌之情，谋我之势，中敌所不欲，则彼无所措手矣。居上位者常疑下位者不忠，人之情不欲居人下也。遭上疑则危，释之之道谨忠而已。

如若避无可避，则束身归命，惟敌所欲，此则不避之避也。避不得法，重则殒命，轻则伤身，不可不深究其理也。古来避害者往往避世，苟能割舍嗜欲，方外亦别有乐天也。避之道在坚，避须避全，勿因小缓而喜，勿因小利而动，当执定"深、远、坚"三字。

心晦卷第七

心生万物，万物唯心。时世方艰，心焉如晦。

鼎革之余，天下荒残，如人患羸疾，不堪繁剧，以晦徐徐调养方可。至若天下扰攘，局促一隅，举事则力不足，自保则尚有余，以晦为心，静观时变，坐胜之道也。

夫士莫不以出处为重，详审而后始决。出难处易，以处之心居出之地，可变难为易。廊庙枢机，自古为四战之地，跻身难，存身尤难。惟不以富贵为心者，得长居焉。古人云："我不忧富贵，而忧富贵逼我。"人非恶富贵也，惧富贵之不义也。

兴利不如除弊，多事不如少事，少事不如无事。无事者近乎天道矣。

用晦卷第八

制器画谋，资之为用也，苟无用，虽器精谋善，何益也？

沉晦已久，人不我识，虽知己者莫辨其本心。用晦在时，时如驹逝，稍纵即逝之矣。

欲择时当察其几先，先机而动，先发制人，始可见晦之功。

惟夫几不易察，幽微常忽，待其壮大可识，机已逝于九天，杳不可寻矣。

是故用晦在乎择时，择时在乎识几。识几而待，择机而动，其惟智者乎？

权谋残卷 [明]张居正

智察卷第一

月晕而风，础润而雨，人事虽殊，其理一也。惟善察者能见微知著。

不察，何以烛情照奸？察，然后知真伪，辨虚实。夫察而后明，明而断之、伐之，事方可图。察之不明，举之不显。

（此处缺三十六字）听其言而观其行，观其色而究其实。

察者智，不察者迷。明察，进可以全国，退可以保身。君子宜惕然。

察不明则奸佞生，奸佞生则贤人去，贤人去则国不举，国不举，必殆，殆则危矣。

筹谋卷第二

君子谋国，而小人谋身。谋国者，先忧天下；谋己者，先利自身。盖智者所图者远，所谋者深。惟其深远，方能顺天应人。

守之伐之，不如以德伏之。（此处有残缺）宜远图而近取。见先机，善筹划。

（此处缺二十二字）圣王之举事，考之于蓍龟，不如谛之于谋虑；炫之以武，不如伐之以义。

察而后谋，谋而后动，深思远虑，计无不中。故为其诤，不如为其谋；为其死，不如助其生。羽翼既丰，何虑不翱翔千里？

（此处有残缺）察人性，顺人情，然后可趁，其必有谐。

所谋在势，势之变也，我强则敌弱，敌弱则我强。倾举国之兵而伐之，不如令其自伐。

勇者搏之，不如智者谋之。以力取之，不如以计图之。攻而伐之，不如晓之以理，动之以情，诱之以利；或雷霆万钧，令人闻风丧胆，而后图之。

（此处有残缺）实以虚之，虚以实之，以其昏昏，独我昭昭。

人皆知金帛为贵，而不知更有远甚于金帛者。谋之不深，而行之不远。人取小，我取大；人视近，我视远。未雨绸缪，智者所为也。

用人卷第三

为政之道，在于辨善恶，明赏罚。倘法明而令审，不卜而吉；劳养功贵，不祝而福。

贤者立而国兴，小人立而邦危。有国者宜详审之。故小人宜务去，而君子宜务进。

大德容下，大道容众。盖趋利而避害，此人心之常也，宜恕以安人心。故与其为渊驱鱼，不如施之以德，市之以恩。

（此处缺十八字）而诱之以赏，策之以罚，感之以恩。取大节，宥小过，而士无不肯用命矣。

赏不患寡而患不公，罚不患严而患不平。赏以兴德，罚以禁奸。使下畏罚而利赏，下也；好德而思进，上也。天下无不可用之材，唯在于所用。

事上卷第四

事上宜以诚，诚则无隙，故宁忤而不欺。不以小过而损大节，忠也，智也。（此处缺二十字）不欺上，亦不辱君，勉主以体恤，谕主以长策，不使主超然立乎显荣之外，天下称孝焉。荣辱与共，进退以俱，上下一心，事方可济。骄上欺下，岂可久长？

攻城易，攻心难。故示之以礼，树之以威，上也。（此处有残缺）上怨，报之以德；上毁，报之以誉；上疑，报之以诚。隙嫌不生，自

046

无虞。事君以忠，不涓细流。待人以诚，不留小隙。

为上计，不以小惠，而以长策。小惠人人可为，长策非贤者不能为之。故事之以谀，不如进之以忠。助之喜，不如为之忧。

思上之所思，而虑其无所思；为君谋利，不如为君求安。思之深，而虑之远。锦上添花，不如雪中送炭。（此处有残缺）

避祸卷第五

廓然怀天下之志，而宜韬之以晦。牙坚而先失，舌柔而后存。柔克刚，而弱胜强。人心有所叵测，知人机者，危矣。故知微者宜善藏之。（此处有残缺）考祸福之原，察盛衰之始，防事之未萌，避难于无形，此为上智。祸之于人，避之而不及。唯智者可以识其兆，以其昭昭，而示人昏昏，然后可以全身。

君臣各安其位，上下各守其分。居安思危，临渊止步。故《易》曰"潜龙勿用"，而"亢龙有悔"。夫利器者，人所欲取。故身怀利器者危。宜示之以无而去其疑，方无咎。不矜才，不伐功，不忘本。为人以谦，为政以和，守其常也。（此处缺三十字）有隙则明示之，令其谗不得入；大用而谕之小用，令其毁无以生。

不折大节，不弃小惠。进退有据，循天理而存人情，此所以为全身之术也。（此处缺十七字）必欲图之，勿以小惠，以大德；不以图近，而谋远。

恃于人者不如自恃。自恃者寿，自足者福。顺天应人，故常在。（此处缺三十七字）自爱者重。危房不可近，危邦不可入。明珠必待识者，宝剑只酬壮士。以贤臣而事昏主，危矣。故明主则谏，昏君则去。不去而隐于朝，宜也。知其雄，守其雌。事不可为而身退，此为明哲保身之道也。

度势卷第六

势者，适也。适之则生，逆之则危；得之则强，失之则弱。事有缓急，急不宜缓，缓不宜急。因时度势，各得所安。

避其锐，解其纷；寻其隙，乘其弊，不劳而天下定。（此处有残缺）

势可乘，亦可造。致虚守静，因势利导。敌不知我而我知敌，或守如处子，或动如脱兔。善度势者乘敌之隙，不善度势者示敌以隙。知其心，度其情，察其微，则见其势矣。

（此处缺十六字）观其变而待其势，知其雄而守其雌，疲之扰之，然后可图。

势可乘乎？势不可乘乎？智者睹未明，况己著乎？惟在断矣。智无识不立，无胆不行。

为谋，所重者胆，所贵者智；胆智兼备，势则可为。（此处缺三十一字）

见宜远而识宜大，谋宜深而胆宜壮。军无威无以立，令无罚无以行。威慑之，智取之，胆胜之，则何敌不克，何坚不攻？正胜邪，直胜曲。浩然正气，而奸佞折。

功心卷第七

城可摧而心不可折，帅可取而志不可夺。所难者惟在一心。攻其心，折其志，不战而屈之，谋之上也。

攻心者，晓之以理，动之以情，示之以义，服之以威。（此处缺二十一字）君子好德，小人好利。辨之羞之，耻之，驱之于德。

移花接木，假凤虚凰，谋略之道，惟在一心。乱其志，折其锋，不战自胜。

治不以暴而以道，胜不以勇而以仁。故彼以暴，我以道；彼以勇，我以仁；然后胜负之数分矣。

攻心之术多矣。如武穆用兵，在乎一心。乱之扰之，激之困之，俟之以变，然后图之。欲得之，先弃之；欲扬之，先抑之。畏之危之，其心必折，计然后可用。

虚予而实取之。示之以害，其必为我所用。欲得其心，莫若投其所好。君喜则我喜，君憎则我憎，我与君同心，则君不为我异。

权奇卷第八

善察者明，慎思者智。诱之以计，待之以隙。不治狱而明判，不用兵而夺城，非智者谁为？夫欲行一事，辄以他事掩之，不使疑生，不使衅兴。此即明修栈道，暗渡陈仓。

事有不可拒者，勿拒。拖之缓之，消其势也，而后徐图。（此处

有残缺）

假神鬼以立威，而人莫辨真伪。伪称天命，其徒必广。将计就计，就势骑驴，诡之异之，以伏其心。此消彼涨，此涨彼消，其理一也，不诡于敌而诡于己，己之气盛，敌气必衰。

意欲取之，必先纵之；意欲除之，必先骄之。然后乘其势矣。（此处缺二十六字）敌强则弱之，敌实则虚之。弱之虚之，不我害也。

偷梁换柱，移花接木。妙手空空，弭祸患于无形。釜底抽薪，上楼撤梯，虽曰巧智，岂无大谋？

人构我，我亦构人。以彼之道，还施彼身。反客为主，后发制人。（此处缺十七字）必欲使人为某事，威逼之，刑罚之，利诱之。由远及近，从小至大，循序渐进，然后可用。

谬数卷第九

知其诡而不察，察而不示，导之以谬。攻子之盾，必持子之矛也。

智无常法，因时因势而已。即以其智，还伐其智；即以其谋，还制其谋。

间者隙也，有间则隙生。以子之伎，反施于子，拨草寻蛇，顺手牵羊。

（此处缺十六字）彼阴察之，我明示之。敌之耳目，为我喉舌。借彼之口，扬我之威。（此处有残缺）

机变卷第十

身之存亡，系于一旦；国之安危，决于一夕。惟智者见微知著，临机而断。因势而起，待机而变。机不由我而变在我。故智无常局，惟在一心而已。

机者变也。惟知机者善变。变则安，不变则危。（此处缺三十二字）

物必先腐而蠹生，事必有隙而谗起。察其由，辨其伪，除其隙，谗自止矣。（此处缺十四字）

知机者明，善断者智。势可度而机可恃，然后计可行矣。处变不惊，临危不乱。见机行事，以计取之，此大将之风也。将错就错，以讹传讹，移花接木，巧取豪夺。敌快我慢，以智缓之；敌强我弱，以计疲之。釜底抽薪，此消彼长。敌缓则我速，敌弱则我强。此亦机变也。

危在我，而施于人。故我危则人危，人不欲危，则必出我于厄难。（此处有残缺）

讽谏卷第十一

讽，所以言不可言之言，谏不可谏之谏。谏不可拂其意，而宜恤其情。谏人者宜为人谋，不为己虑。

或激之勉之，以达其意。或讽之喻之，以示其谬。进而推之，以证其不可行也。谏不宜急而宜缓，言不宜直而宜曲。

（此处有残缺）

嬉笑之中蕴乎理，诙谐之中寓乎道。见君之过失而不谏，是轻君之危亡也。夫轻君之危亡者，忠臣不忍为也。（此处有残缺）

中伤卷第十二

天下之至毒莫过于谗。谗犹利器，一言之巧，犹胜万马千军。（此处缺十四字）谗者，小人之故伎。口变淄素，权移马鹿。逞口舌之利剑，毁万世之基业。

（此处缺二十六字）或诬之以虚，加之以实，置其于不义；或构之以实，诱之以过，陷其于不忠。宜乎不着痕迹，欲抑而先扬，似褒而实贬。

随口毁誉，浮石沈木。奸邪相抑，以直为曲。故人主之患在于信谗，信谗则制于人，宜明察之。然此事虽君子亦不免也。苟存江山社稷于心，而行小人之事，可乎？小人之智，亦可谋国。尽忠事上，虽谗犹可。然君子行小人之事，亦近小人，宜慎之。

美色卷第十三

乱德则贤人去，失政而小人兴。国则殆矣。美色置于前而心不动者，情必矫也。然好色不如尊贤。近色而远贤臣，智者所不为也。孰谓妇人柔弱？一颦一笑，犹胜百万甲兵。（此处缺十三字）

智者借色伐人，愚者以色伐己。（此处缺十八字）色必有宠，宠必进谗，谗进必危国。然天下之失，非由美色，实由美色之好也。（此处缺二十三字）借美以藏其奸，市色而成其谋，千载之下，绵绵不绝。人主宜详审之。

圣贤事业，非大志者何为？故色贤之分，知其所取舍。是以齐桓晋文，犹为霸主；汉武唐宗，不失明君。

幽梦影 [清] 张潮

序一

余穷经读史之余，好览稗官小说，自唐以来不下数百种。不但可以备考遗志，亦可以增长意识。如游名山大川者，必探断崖绝壑；玩乔松古柏者，必采秀草幽花。使耳目一新，襟情怡宕。此非头巾襕褴、章句腐儒之所知也。

故余于咏诗撰文之暇，笔录古轶事、今新闻，自少至老，杂著数十种。如《说史》《说诗》《党鉴》《盈鉴》《东山谈苑》《汗青余语》《砚林不妄语》《述茶史补》《四莲花斋杂录》《曼翁漫录》《禅林漫录》《读史浮白集》《古今书字辨讹》《秋雪丛谈》《金陵野抄》之类，虽未雕版问世，而友人借抄，几遍东南诸郡，直可傲子云而睨君山矣！

天都张仲子心斋，家积缥缃，胸罗星宿，笔花缭绕，墨沈淋漓。其所著述，与余旗鼓相当，争奇斗艳，如孙伯符与太史子义相遇于神亭；又如石崇、王恺击碎珊瑚时也。其《幽梦影》一书，尤多格言妙论。言人之所不能言，道人之所未经道。展味低徊，似餐帝浆沆瀣，听钧天之广乐，不知此身在下方尘世矣。至如："律己宜带秋气，处世宜带春气。""婢可以当奴，奴不可以当婢。""无损于世谓之善人，有害于世谓之恶人。""寻乐境乃学仙，避苦境乃学佛。"超超玄箸，绝胜支、许清谈。人当镂心铭肺，岂止佩韦书绅而已哉！

鬘持老人余怀广霞制

序二

心斋著书满家，皆含经咀史，自出机杼，卓然可传。是编是特其一脔片羽，然三才之理，万物之情，古今人事之变，皆在是矣。顾题之以"梦"且"影"云者，吾闻海外有国焉，夜长而昼短，以昼之所为为幻，以梦之所遇为真；又闻人有恶其影而欲逃之者。然则梦也者，乃其所以为觉；影也者，乃其所以为形也耶。廋辞隐语，言无罪而闻足戒，是则心斋所为尽心焉者也。读是编也，其亦可以闻破梦之钟，而就阴以息影也夫！

江东同学孙致弥题

序三

张心斋先生，家自黄山，才奔陆海。枡榴赋就，锦月投怀；芍药词成，繁花作馔。苏子瞻"十三楼外"，景物犹然；杜枚之"廿四桥头"，流风仍在。静能见性，洵哉。人我不间，而喜嗔不形，弱仅胜衣。或者清虚日来，而滓秽日去。怜才惜玉，心是灵犀；绣腹锦胸，身同丹凤。花间选句，尽来珠玉之音；月下题词，已满珊瑚之笥。岂如兰台作赋，仅别东西；漆园著书，徒分内外而已哉！

然而繁文艳语，止才子余能，而卓识奇思，诚词人本色。若夫舒性情而为著述，缘阅历以作篇章，清如梵室之钟，令人猛省；响若尼山之铎，别有深思，则《幽梦影》一书，余诚不能已于手舞足蹈、心旷神怡也！

其云"益人谓善，害物谓恶"，咸仿佛乎外王内圣之言；又谓"律己宜秋，处世宜春"，亦陶熔乎诚意正心之旨。他如片花寸草，均有会心；遥水近山，不遗玄想。息机物外，古人之糟粕不论；信手拈时，造化之精微入悟。湖山乘兴，尽可投囊；风月维潭，兼供挥麈。金绳觉路，弘开入梦之毫；宝筏迷津，直渡广长之舌。以风流为道学，寓教化于诙谐，为色为空，知"犹有这个在"；如梦如影，且"应做如是观"。

　　　　　　　湖上晦村学人石庞天外氏偶书

056

序四

记曰:"和顺积于中,英华发于外。"

凡文人之立言,皆英华之发于外者也。无不本乎中之积,而适与其人肖焉。是故其人贤者,其言雅;其人哲者,其言快;其人高者,其言爽;其人达者,其言旷;其人奇者,其言创;其人韵者,其言多情思。张子所云:"对渊博友如读异书,对风雅友如读名人诗文,对谨饬友如读圣贤经传,对滑稽友如阅传奇小说。"正此意也。

彼在昔立言之人,到今传者,岂徒传其言哉!传其人而已矣。今举集中之言,有快若并州之剪,有爽若哀家之梨,有雅若钧天之奏,有旷若空谷之音;创者则如新锦出机,多情则如游丝裹树。

以为贤人可也,以为达人、奇人可也,以为哲人可也。譬之瀛洲之木,日中视之,一叶百形。张子以一人而兼众妙,其殆瀛木之影欤?

然则阅乎此一编,不啻与张子晤对,罄彼我之怀!又奚俟梦中相寻,以致迷不知路,中道而返哉!

同学弟松溪王晫拜题

卷上

读经宜冬，其神专也；读史宜夏，其时久也；读诸子宜秋，其致别也；读诸集宜春，其机畅也。

经传宜独坐读，史鉴宜与友共读。

无善无恶是圣人，善多恶少是贤者，善少恶多是庸人，有恶无善是小人，有善无恶是仙佛。

天下有一人知己，可以不恨。不独人也，物亦有之。如菊以渊明为知己，梅以和靖为知己，竹以子猷为知己，莲以濂溪为知己，桃以避秦人为知己，杏以董奉为知己，石以米颠为知己，荔枝以太真为知己，茶以卢仝、陆羽为知己，香草以灵均为知己，莼鲈以季鹰为知己，瓜以邵平为知己，鸡以宋宗为知己，鹅以右军为知己，鼓以祢衡为知己，琵琶以明妃为知己。一与之订，千秋不移。若松之于秦始，鹤之于卫懿，正所谓不可与作缘者也。

为月忧云，为书忧蠹，为花忧风雨，为才子佳人忧命薄，真是菩萨心肠。

花不可以无蝶，山不可以无泉，石不可以无苔，水不可以无藻，乔木不可以无藤萝，人不可以无癖。

春听鸟声，夏听蝉声，秋听虫声，冬听雪声，白昼听棋声，月下听箫声，山中听松风声，水际听欸乃声，方不虚生此耳。若恶少斥辱，悍妻诟谇，真不若耳聋也。

上元须酌豪友，端午须酌丽友，七夕须酌韵友，中秋须酌淡友，重九须酌逸友。

鳞虫中金鱼，羽虫中紫燕，可云物类神仙，正如东方曼倩避世金马门，人不得而害之。

入世须学东方曼倩，出世须学佛印了元。

赏花宜对佳人，醉月宜对韵人，映雪宜对高人。

对渊博友，如读异书；对风雅友，如读名人诗文；对谨饬友，如读圣贤经传；对滑稽友，如阅传奇小说。

楷书须如文人，草书须如名将。行书介乎二者之间，如羊叔子缓带轻裘，正是佳处。

人须求可入诗，物须求可入画。

少年人须有老成之识见，老成人须有少年之襟怀。

春者天之本怀，秋者天之别调。

昔人云："若无花、月、美人，不愿生此世界。"予益一语云："若无翰、墨、棋、酒，不必定作人身。"

愿作木而为樗，愿在草而为蓍，愿在鸟而为鸥，愿在兽而为廌，愿在虫而为蝶，愿在鱼而为鲲。

古人以冬为三余，予谓当以夏为三余：晨起者，夜之余；夜坐者，昼之余；午睡者，应酬人事之余。古人诗云："我爱夏日长。"洵不诬也。

庄周梦为蝴蝶，庄周之幸也；蝴蝶梦为庄周，蝴蝶之不幸也。

艺花可以邀蝶，垒石可以邀云，栽松可以邀风，贮水可以邀萍，筑台可以邀月，种蕉可以邀雨，植柳可以邀蝉。

景有言之极幽，而实萧索者，烟雨也；境有言之极雅，而实难堪者，贫病也；声有言之极韵，而实粗鄙者，卖花声也。

才子而富贵，定从福慧双修得来。

新月恨其易沉，缺月恨其迟上。

躬耕吾所不能，学灌园而已矣；樵薪吾所不能，学薙草而已矣。

一恨书囊易蛀，二恨夏夜有蚊，三恨月台易漏，四恨菊叶多焦，五恨松多大蚁，六恨竹多落叶，七恨桂、荷易谢，八恨薛、萝藏虺，九恨架花生刺，十恨河豚有毒。

楼上看山，城头看雪，灯前看花，舟中看霞，月下看美人，另是一番情景。

山之光，水之声，月之色，花之香，文人之韵致，美人之姿态，皆无可名状，无可执着。真足以摄召魂梦，颠倒情思。

假使梦能自主，虽千里无难命驾，可不羡长房之缩地；死者可以晤对，可不需少君之招魂；五岳可以卧游，可不俟婚嫁之尽毕。

昭君以和亲而显，刘蕡以下第而传。可谓之不幸，不可谓之缺陷。

以爱花之心爱美人，则领略自饶别趣；以爱美人之心爱花，则护惜倍有深情。

美人之胜于花者，解语也；花之胜于美人者，生香也。二者不可得兼，舍生香而取解语者也。

窗内人于窗纸上作字，吾于窗外观之，极佳。

少年读书如隙中窥月，中年读书如庭中望月，老年读书如台上玩月。皆以阅历之浅深，为所得之浅深耳。

吾欲致书雨师：春雨，宜始于上元节后，至清明十日前之内，及谷雨节中；夏雨，宜于每月上弦之前，及下弦之后；秋雨，宜于孟秋之上下二旬；至若三冬，正可不必雨也。

为浊富不若为清贫，以忧生不若以乐死。

天下唯鬼最富：生前囊无一文，死后每饶楮镪。天下唯鬼最尊：生前或受欺凌，死后必多跪拜。

蝶为才子之化身，花乃美人之别号。

因雪想高士，因花想美人，因酒想侠客，因月想好友，因山水想得意诗文。

闻鹅声如在白门；闻橹声如在三吴；闻滩声如在浙江；闻羸马项下铃铎声，如在长安道上。

雨之为物，能令昼短，能令夜长。

诗僧时复有之，若道士之能诗者，不啻空谷足音，何也？

当为花中之萱草，毋为鸟中之杜鹃。

女子自十四五岁至二十四五岁，此十年中，无论燕、秦、吴、越，其音大都娇媚动人。一睹其貌，则美恶判然矣。耳闻不如目见，于此益信。

寻乐境乃学仙，避苦趣乃学佛。佛家所谓"极乐世界"者，盖谓众苦之所不到也。

富贵而劳悴，不若安闲之贫贱；贫贱而骄傲，不若谦恭之富贵。

目不能自见，鼻不能自嗅，舌不能自舐，手不能自握，惟耳能自闻其声。

凡声皆宜远听，惟听琴则远近皆宜。

目不能识字，其闷尤过于盲；手不能执管，其苦更甚于哑。

并头联句，交颈论文，宫中应制，历使属国，皆极人间乐事。

《水浒传》武松诘蒋门神云："为何不姓李？"此语殊妙。盖姓实有佳有劣：如华、如柳、如云、如苏、如乔，皆极风韵；若夫毛也、赖也、焦也、牛也，则皆尘于目而棘于耳也。

花之宜于目而复宜于鼻香：梅也、菊也、兰也、水仙也、珠兰也、莲也；止宜于鼻者，橼也、桂也、瑞香也、栀子也、茉莉也、木香也、玫瑰也、蜡梅也。余则皆宜于目者也。花与叶俱可观者，秋海棠为最，荷次之。海棠、酴醾、虞美人、水仙，又次之；叶胜于花者，止雁来红、美人蕉而已。花与叶俱不足观者，紫薇也、辛夷也。

高语山林者，辄不善谈市朝事。审若此，则当并废《史》《汉》诸书而不读矣。盖诸书所载者，皆古之市朝也。

云之为物，或崔巍如山，或激滟如水，或如人，或如兽，或如鸟毳，或如鱼鳞。故天下万物皆可画，惟云不能画，世所画云亦强名耳。

值太平世，生湖山郡，官长廉静，家道优裕，娶妇贤淑，生子聪慧。人生如此，可云全福。

养花胆瓶，其式之高低大小，须与花相称。而色之浅深浓淡，又须与花相反。

春雨如恩诏，夏雨如赦书，秋雨如挽歌。

十岁为神童，二十、三十为才子，四十、五十为名臣，六十为神仙，可谓全人矣。

武人不苟战，是为武中之文；文人不迂腐，是为文中之武。

文人讲武事，大都纸上谈兵；武将论文章，半属道听途说。

"斗方"止三种可取：佳诗文，一也；新题目，二也；精款式，三也。

情必近于痴而始真，才必兼乎趣而始化。

凡花色之娇媚者，多不甚香；瓣之千层者，多不结实。甚矣全才之难也。兼之者，其惟莲乎？

著得一部新书，便是千秋大业；注得一部古书，允为万世弘功。

延名师，训子弟；入名山，习举业；丐名士，代捉刀，三者都无是处。

积画以成字，积字以成句，积句以成篇，谓之文。文体日增，至八股而遂止。如古文、如诗、如赋、如词、如曲、如说部、如传奇小说，皆自无而有。方其未有之时，固不料后来之有此一体也。逮既有此一体之后，又若天造地设，为世所应有之物。然自明以来，未见有创一体裁新人耳目者。遥计百年之后，必有其人，惜乎不及见耳。

云映日而成霞，泉挂岩而成瀑。所托者异，而名亦因之。此友道之所以可贵也。

大家之文，吾爱之慕之，吾愿学之；名家之文，吾爱之慕之，吾不敢学之。学大家而不得，所谓"刻鹄不成尚类鹜"也；学名家而不得，则是"画虎不成反类狗"矣。

由戒得定，由定得慧，勉强渐近自然；炼精化气，炼气化神，清虚有何渣滓？

虽不善书，而笔砚不可不精；虽不业医，而验方不可不存；虽不工弈，而楸枰不可不备。

方外不必戒酒，但须戒俗；红裙不必通文，但须得趣。

梅边之石宜古，松下之石宜拙，竹傍之石宜瘦，盆内之石宜巧。

律己宜带秋气，处事宜带春气。

厌催租之败意，亟宜早早完粮；喜老衲之谈禅，难免常常布施。

松下听琴，月下听箫，涧边听瀑布，山中听梵呗，觉耳中别有不同。

月下听禅，旨趣益远；月下说剑，肝胆益真；月下论诗，风致益幽；月下对美人，情意益笃。

有地上之山水，有画上之山水，有梦中之山水，有胸中之山水。地上者，妙在丘壑深邃；画上者，妙在笔墨淋漓；梦中者，妙在景象变幻；胸中者，妙在位置自如。

一日之计种蕉，一岁之计种竹，十年之计种柳，百年之计种松。

春雨宜读书，夏雨宜弈棋，秋雨宜检藏，冬雨宜饮酒。

诗文之体，得秋气为佳；词曲之体，得春气为佳。

钞写之笔墨，不必过求其佳，若施之缣素，则不可不求其佳；诵读之书籍，不必过求其备，若以供稽考，则不可不求其备；游历之山水，不必过求其妙，若因之卜居，则不可不求其妙。

人非圣贤，安能无所不知？只知其一，惟恐不止其一，复求知其二者，上也；止知其一，因人言，始知有其二者，次也；止知其一，人言有其二而莫之信者，又其次也；止知其一，恶人言有其二者，斯下之下矣。

藏书不难，能看为难；看书不难，能读为难；读书不难，能用为难；能用不难，能记为难。

何谓善人？无损于世者，则谓之善人。何谓恶人？有害于世者，则谓之恶人。

有工夫读书，谓之福；有力量济人，谓之福；有学问著述，谓之福；无是非到耳，谓之福；有多闻、直、谅之友，谓之福。

人莫乐于闲，非无所事事之谓也。闲则能读书，闲则能游名胜，闲则能交益友，闲则能饮酒，闲则能著书。天下之乐，孰大于是。

文章是案头之山水，山水是地上之文章。

《水浒传》是一部怒书，《西游记》是一部悟书，《金瓶梅》是一部哀书。

读书最乐。若读史书，则喜少怒多。究之，怒处亦乐处也。

发前人未发之论，方是奇书；言妻子难言之情，乃为密友。

卷下

风流自赏，只容花鸟趋陪；真率谁知，合受烟霞供养。

万事可忘，难忘者名心一段；千般易淡，未淡者美酒三杯。

芰荷可食而亦可衣，金石可器而亦可服。

宜于耳复宜于目者，弹琴也，吹箫也；宜于耳不宜于目者，吹笙也，撇管也。

看晓妆宜于傅粉之后。

我不知我之生前当春秋之季，曾一识西施否？当典午之时，曾一看卫玠否？当义熙之世，曾一醉渊明否？当天宝之代，曾一睹太真否？当元丰之朝，曾一晤东坡否？千古之上相思者，不止此数人，而此数人则其尤甚者，故姑举之以概其余也。

我又不知在隆万时，曾于旧院中交几名妓？眉公、伯虎、若士、赤水诸君，曾共我谈笑几回？茫茫宇宙，我今当向谁问之耶？

花不可见其落，月不可见其沉，美人不可见其夭。

种花须见其开，待月须见其满，著书须见其成，美人须见其畅适，方有实际。否则皆为虚设。

以松花为粮，以松实为香，以松枝为麈尾，以松阴为步障，以松涛为鼓吹。山居得乔松百余章，真乃受用不尽。

玩月之法：皎洁则宜仰观，朦胧则宜俯视。

凡事不宜刻，若读书则不可不刻；凡事不宜贪，若买书则不可不贪；凡事不宜痴，若行善则不可不痴。

酒可好，不可骂座；色可好，不可伤生；财可好，不可昧心；气可好，不可越理。

文名，可以当科第；俭德，可以当货财；清闲，可以当寿考。

不独诵其诗，读其书，是尚友古人，即观其字画，亦是尚友古人处。

无益之施舍，莫过于斋僧；无益之诗文，莫甚于祝寿。

妾美不如妻贤，钱多不如境顺。

创新庵不若修古庙，读生书不若温旧业。

字与画同出一源。观六书始于象形，则可知已。

忙人园亭，宜与住宅相连；闲人园亭，不妨与住宅相远。

酒可以当茶，茶不可以当酒；诗可以当文，文不可以当诗；曲可以当词，词不可以当曲；月可以当灯，灯不可以当月；笔可以当口，口不可以当笔；婢可以当奴，奴不可以当婢。

胸中小不平，可以酒消之；世间大不平，非剑不能消也。

不得已而诮之者，宁以口，毋以笔；不可耐而骂之者，亦宁以口，毋以笔。

多情者必好色，而好色者未必尽属多情；红颜者必薄命，而薄命者未必尽属红颜；能诗者必好酒，而好酒者未必尽属能诗。

梅令人高，兰令人幽，菊令人野，莲令人淡，春海棠令人艳，牡丹令人豪，蕉与竹令人韵，秋海棠令人媚，松令人逸，桐令人清，柳令人感。

物之能感人者，在天莫如月，在乐莫如琴，在动物莫如鸟，在植物莫如柳。

涉猎虽曰无用，犹胜于不通古今；清高固然可嘉，莫流于不识时务。

所谓美人者：以花为貌，以鸟为声，以月为神，以柳为态，以玉为骨，以冰雪为肤，以秋水为姿，以诗词为心。吾无间然矣。

蝇集人面，蚊嘬人肤，不知以人为何物？

有山林隐逸之乐而不知享者，渔樵也，农圃也，缁黄也；有园亭姬妾之乐，而不能享、不善享者，富商也，大僚也。

黎举云："欲令梅聘海棠，橙枨臣樱桃，以芥嫁笋，但时不同耳。"予谓物各有偶，拟必以伦。今之嫁娶，殊觉未当。如梅之为物，品最清高；棠之为物，姿极妖艳。即使同时，亦不可为夫妇。不若梅聘梨花，海棠嫁杏，橼臣佛手，荔枝臣樱桃，秋海棠嫁雁来红，庶几相称耳。至若以芥嫁笋，笋如有知，必受河东狮子之累矣。

五色有太过、有不及，惟黑与白无太过。

阅《水浒传》，至鲁达打镇关西，武松打虎，因思人生必有一桩快意事，方不枉生一场。即不能有其事，亦须著得一种得意之书，庶几无憾耳。

春风如酒，夏风如茗，秋风如烟如姜芥。

鸟声之最佳者，画眉第一，黄鹂、百舌次之。然黄鹂、百舌，世未有笼而畜之者，其殆高士之俦，可闻而不可屈者耶。

不治生产，其后必致累人；专务交游，其后必致累己。

昔人云："妇人识字，多致诲淫。"予谓此非识字之过也。盖识字则非无闻之人，其淫也，人易得而知耳。

善读书者无之而非书：山水亦书也，棋酒亦书也，花月亦书也。善游山水者无之而非山水：书史亦山水也，诗酒亦山水也，花月亦山水也。

园亭之妙，在邱壑布置，不在雕绘琐屑。往往见人家园子屋脊墙头，雕砖镂瓦，非不穷极工巧，然未久即坏，坏后极难修葺，是何如朴素之为佳乎？

清宵独坐，邀月言愁；良夜孤眠，呼蛩语恨。

官声采于舆论。豪右之口，与寒乞之口，俱不得其真。花案定于成心。艳媚之评，与寝陋之评，概恐失其实。

胸藏丘壑，城市不异山林；兴寄烟霞，阎浮有如蓬岛。

多情者不以生死易心，好饮者不以寒暑改量，喜读书者不以忙闲作辍。

蛛为蝶之敌国，驴为马之附庸。

立品须法乎宋人之道学，涉世宜参以晋代之风流。

古谓禽兽亦知人伦。予谓匪独禽兽也，即草木亦复有之。牡丹为王，芍药为相，其君臣也；南山之乔，北山之梓，其父子也；荆之闻分而枯，闻不分而活，其兄弟也；莲之并蒂，其夫妇也；兰之同心，其朋友也。

豪杰易于圣贤，文人多于才子。

牛与马，一仕而一隐也；鹿与豕，一仙而一凡也。

古今至文，皆血泪所成。

情之一字，所以维持世界；才之一字，所以粉饰乾坤。

有青山方有绿水，水惟借色于山；有美酒便有佳诗，诗亦乞灵于酒。

严君平以卜讲学者也，孙思邈以医讲学者也，诸葛武侯以出师讲学者也。

镜不幸而遇嫫母，砚不幸而遇俗子，剑不幸而遇庸将，皆无可奈何之事。

天下无书则已，有则必当读；无酒则已，有则必当饮；无名山则已，有则必当游；无花月则已，有则必当赏玩；无才子佳人则已，有则必当爱慕怜惜。

秋虫春鸟，尚能调声弄舌，时吐好音。我辈搦管拈毫，岂可甘作鸦鸣牛喘？

嫫颜陋质，不与镜为仇者，亦以镜为无知之死物耳。使镜而有知，必遭扑破矣。

作文之法：意之曲折者，宜写之以显浅之词；理之显浅者，宜运之以曲折之笔；题之熟者，参之以新奇之想；题之庸者，深之以关系之论。至于窘者舒之使长，缛者删之使简，俚者文之使雅，闹者摄之使静，皆所谓裁制也。

笋为蔬中尤物，荔枝为果中尤物，蟹为水族中尤物，酒为饮食中尤物，月为天文中尤物，西湖为山水中尤物，词曲为文字中尤物。

买得一本好花，犹且爱怜而护惜之，矧其为解语花乎？

观手中便面，足以知其人之雅俗，足以识其人之交游。

水为至污之所会归，火为至污之所不到。若变不洁而为至洁，则水火皆然。

貌有丑而可观者，有虽不丑而不足观者；文有不通而可爱者，有虽通而极可厌者。此未易与浅人道也。

游玩山水，亦复有缘。苟机缘未至，则虽近在数十里之内，亦无暇到也。

贫而无谄，富而无骄，古人之所贤也；贫而无骄，富而无谄，今人之所少也。足以知世风之降矣。

昔人欲以十年读书，十年游山，十年检藏。予谓检藏尽可不必十年，只二三载足矣。若读书与游山，虽或相倍蓰，恐亦不足以偿所愿也。必也如黄九烟前辈之所云"人生必三百岁"，而后可乎！

宁为小人之所骂，毋为君子之所鄙；宁为盲主司之所摈弃，毋为诸名宿之所不知。

傲骨不可无，傲心不可有。无傲骨则近于鄙夫，有傲心不得为君子。

蝉为虫中之夷齐，蜂为虫中之管晏。

镜中之影，着色人物也；月下之影，写意人物也；镜中之影，钩边画也；月下之影，没骨画也。月中山河之影，天文中地理也；水中星月之象，地理中天文也。

能读无字之书，方可得惊人妙句；能会难通之解，方可参最上禅机。

若无诗酒，则山水为具文；若无佳丽，则花月皆虚设。

才子而美姿容，佳人而工著作，断不能永年者，匪独为造物之所忌。盖此种原不独为一时之宝，乃古今万世之宝，故不欲久留人世取亵耳。

闲人之砚固欲其佳，而忙人之砚尤不可不佳；娱情之妾固欲其美，而广嗣之妾亦不可不美。

才子遇才子，每有怜才之心；美人遇美人，必无惜美之意。我愿来世托生为绝代佳人，一反其局而后快。

予尝欲建一无遮大会，一祭历代才子，一祭历代佳人。俟遇有真正高僧，即当为之。

圣贤者，天地之替身。

掷升官图，所重在德，所忌在赃。何一登仕版，辄与之相反耶？

动物中有三教焉：蛟龙麟凤之属，近于儒者也；猿狐鹤鹿之属，近于仙者也；狮子牯牛之属，近于释者也。植物中有三教焉：竹梧兰蕙之属，近于儒者也；蟠桃老桂之属，近于仙者也；莲花薝葡之属，近于释者也。

佛氏云："日月在须弥山腰。"果尔，则日月必是绕山横行而后可。苟有升有降，必为山巅所碍矣。又云："地上有阿耨达池，其水四出，流入诸印度。"又云："地轮之下为水轮，水轮之下为风轮，风轮之下为空轮。"余谓此皆喻言人身也：须弥山喻人首，日月喻两目，池水四出喻血脉流动，地轮喻此身，水为便溺，风为泄气。此下则无物矣。

予尝偶得句，亦殊可喜，惜无佳对，遂未成诗。其一为"枯叶带虫飞"，其一为"乡月大于城"。姑存之以俟异日。

"空山无人，水流花开"二句，极琴心之妙境；"胜固欣然，败亦可喜"二句，极手谈之妙境；"帆随湘转，望衡九面"二句，极泛舟之妙境；"胡然而天，胡然而帝"二句，极美人之妙境。

镜与水之影，所受者也；日与灯之影，所施者也。月之有影，则在天者为受，而在地者为施也。

水之为声有四：有瀑布声，有流泉声，有滩声，有沟浍声。风之为声有三：有松涛声，有秋草声，有波浪声。雨之为声有二：有梧蕉荷叶上声，有承檐溜筒中声。

文人每好鄙薄富人，然于诗文之佳者，又往往以金玉、珠玑、锦绣誉之，则又何也？

能闲世人之所忙者，方能忙世人之所闲。

先读经，后读史，则论事不谬于圣贤；既读史，复读经，则观书不徒为章句。

居城市中，当以画幅当山水，以盆景当苑囿，以书籍当友朋。

邻居须得良朋始佳。若田夫樵子，仅能办五谷而测晴雨，久且数，未免生厌矣。而友之中，又当以能诗为第一，能谈次之，能画次之，能歌又次之，解觞政者又次之。

玉兰，花中之伯夷也；葵，花中之伊尹也；莲，花中之柳下惠也。鹤，鸟中之伯夷也；鸡，鸟中之伊尹也；莺，鸟中之柳下惠也。

无其罪而虚受恶名者，蠹鱼也；有其罪而恒逃清议者，蜘蛛也。

黑与白交，黑能污白，白不能掩黑；香与臭混，臭能胜香，香不能敌臭。此君子小人相攻之大势也。

"耻"之一字，所以治君子；"痛"之一字，所以治小人。

镜不能自照，衡不能自权，剑不能自击。

古人云："诗必穷而后工。"盖穷则语多感慨，易于见长耳。若富贵中人，既不可忧贫叹贱，所谈者不过风云月露而已，诗安得佳？苟思所变，计惟有出游一法，即以所见之山川风土物产人情，或当疮痍兵燹之余，或值旱涝灾祲之后，无一不可寓之诗中，借他人之穷愁，以供我之咏叹，则诗亦不必待穷而后工也。

跋

一

昔人云："梅花之影，妙于梅花。"窃意影子何能妙于花？惟花妙，则影亦妙。枝干扶疏，自尔天然生动。凡一切文字语言，总是才子影子。人妙，则影自妙。此册一行一句，非名句即韵语，皆出胸次体验而出，故能发警省。片玉碎金，俱可宝贵。幽人梦境，读者勿作影响观可矣。

南村张怱识

二

抱异疾者多奇梦，梦所未到之境，梦所未见之事，以心为君主之官，邪干之，故如此，此则病也，非梦也。至若梦木樽天，梦河无水，则休咎应之；梦牛尾、梦蕉鹿，则得失应之。此则梦也，非病也。心斋之《幽梦影》，非病也，非梦也，影也。影者维何？石火之一敲，电光之一瞥也。东坡所谓一掉头时生老病，一弹指顷去来今也。昔人云芥子具须弥，而心斋则于倏忽备古今也。此因其心闲手闲，故弄墨如此之闲适也。心斋盖长于勘梦者也，然而未可向痴人说也。

寓东淘香雪斋江之兰草

三

余习闻《幽梦影》一书，着墨不多，措词极隽，每以未获一读为恨事。客秋南沙顾耐圃茂才示以钞本，展玩之余，爱不释手。所惜尚有残阙，不无余憾。今从同里袁翔甫大令处见有刘君式亭所赠原刊之本，一无遗漏，且有同学诸君评语，尤足令人寻绎。间有未评数条，经大令一一补之，功媲娲皇，允称全璧。爰乞重付手民，冀可流传久远。大令欣然曰："诺。"故略志其巅末云。

光绪五年岁次巳卯冬十月仁和葛元煦理斋氏识

四

昔人著书，简附评语。若以评语参错书中，则《幽梦影》创格也。清言隽旨，前于后喁，令读者如入真长座中，与诸客周旋，聆其馨欬，不禁色舞眉飞，洵翰墨中奇观也。书名曰"梦"、曰"影"，盖取"六如"之义。饶广长舌，散天女花，心灯意蕊，一印印空，可以悟矣！

乙未夏日震泽杨复吉识

幽梦续影 [清]朱锡绶

序

吾师镇洋朱先生，名锡绶，字撷筠，盛君大士高足弟子也，著作甚富，屡困名场，后作令湖北，不为上官所知，郁郁以殁，祖荫龀龆之年，奉手受教，每当岸帻奋麈，陈说古今，亹亹发蒙，使人不倦。自咸丰甲寅，先生作吏南行，遂成契阔。先生诗集已刊版，毁于火，他著述亦不存，仅从亲知传写，得此一编，大率皆阅世观物、涉笔排闷之语。元题曰《幽梦续影》，略如屠赤水、陈麋公所为小品诸书，虽绮语小言，而时多名理。祖荫不忍使先生语言文字无一二存于世间，辄为镂版，以贻胜流。屋乌储胥，聊存遗爱。然流传止此，益用感伤。昔宋明儒门弟子，刊行其师语

录，虽琐言鄙语，皆为搜存，不加芟饰。此编之刊，犹斯
志也。

光绪戊寅四月门人潘祖荫记

真嗜酒者气雄，真嗜茶者神清，真嗜笋者骨腥，真嗜菜根者
志远。

鹤令人逸，马令人俊，兰令人幽，松令人古。

善贾无市井气，善文无迂腐气。

学导引是眼前地狱，得科第是当世轮回。

造化，善杀风景者也，其尤甚者，使高僧迎显宦，使循吏困下
僚，使绝世之姝习弦索，使不羁之士累米盐。

日间多静坐，则夜梦不惊；一月多静坐，则文思便逸。

观虹销雨霁时，是何等气象；观风回海立时，是何等声势。

贪人之前莫炫宝，才人之前莫炫文，险人之前莫炫识。

文人富贵，起居便带市井；富贵能诗，吐属便带寒酸。

花是美人后身。梅，贞女也；梨，才女也；菊，才女之善文章者
也；水仙，善诗词者也；荼䕷，善谈禅者也；牡丹，大家中妇也；芍
药，名士之妇也；莲，名士之女也；海棠，妖姬也；秋海棠，制于悍
妇之艳妾也；茉莉，解事雏鬟也；木芙蓉，中年诗婢也。惟兰为绝代
美人，生长名阀，耽于词画，寄心清旷，结想琴筑，然而闺中待字，
不无迟暮之感。优此则绌彼，理有固然，无足怪者。

能食淡饭者，方许尝异味；能溷市嚣者，方许游名山；能受折磨
者，方许处功名。

077

雨窗作画，笔端便染烟云；雪夜哦诗，纸上如洒冰霰。是谓善得天趣。

凶年闻爆竹，愁眼见灯花，客途得家书，病后友人邀听弹琴，俱可破涕为笑。

观门径可以知品，观轩馆可以知学，观位置可以知经济，观花卉可以知旨趣，观楹帖可以知吐属，观图书可以知胸次，观童仆可以知器宇，访友不待亲接言笑也。

余亦有三恨：一恨山僧多俗，二恨盛暑多蝇，三恨时文多套。

蝶使之俊，蜂使之雅，露使之艳，月使之温：庭中花，斡旋造化者也。使名士增情，使美人增态，使香炉茗碗增奇光，使图画书籍增活色：室中花，附益造化者也。

无风雨不知花之可惜，故风雨者，真惜花者也；无患难不知才之可爱，故患难者，真爱才也。风雨不能因惜花而止，患难不能因爱才而止。

琴不可不学，能平才士之骄矜；剑不可不学，能化书生之懦怯。

美味以大嚼尽之，奇境以粗游了之，深情以浅语传之，良辰以酒食度之，富贵以骄奢处之，俱失造化本怀。

楼之收远景者，宜游观不宜居住；室之无重门者，便启闭不便储藏。庭广则爽，冬累于风；树密则幽，夏累于蝉。水近可以涤暑，蚊集中宵；屋小可以御寒，客窘炎午。君子观居身无两全，知处境无两得。

忧时勿纵酒，怒时勿作札。

不静坐，不知忙之耗神者速；不泛应，不知闲之养神者真。

笔苍者学为古，笔隽者学为词，笔丽者学为赋，笔肆者学为文。

读古碑宜迟，迟则古藻徐呈；读古画宜速，速则古香顿溢；读古诗宜先迟后速，古韵以抑而后扬；读古文宜先速后迟，古气以挹而愈永。

物随息生，故数息可以致寿；物随气灭，故任气可以致夭。欲长生只在呼吸求之，欲长乐只在和平来之。

雪之妙在能积，云之妙在不留，月之妙在有圆有缺。

为雪朱栏，为花粉墙，为鸟疏枝，为鱼广池，为素心开三径。

筑园必因石，筑楼必因树，筑榭必因池，筑室必因花。

梅绕平台，竹藏幽院，柳护朱楼，海棠依阁，木犀匝庭，牡丹对书斋，藤花蔽绣闼，绣球傍厅，绯桃照池，香草漫山，梧桐覆井，酴醾隐竹屏，秋色依栏干，百合仰拳石，秋萝亚曲阶，芭蕉障文窗，蔷薇窥疏帘，合欢俯锦帏，桎花媚纱槅。

花底填词，香边制曲，醉后作草，狂来放歌，是谓遣笔四称。

谈禅不是好佛，只以空我天怀；谈无不是羡老，只以贞我内养。

路之奇者，入不宜深，深则来踪易失；山之奇者，入不宜浅，浅则异境不呈。

木以动折，金以动缺，火以动焚，水以动溺，惟土宜动，然而思虑伤脾，燔炙生冷皆伤胃，则动中须静耳。

习静觉日长，逐忙觉日短，读书觉日可惜。

少年处不得顺境，老年处不得逆境，中年处不得闲境。

素食则气不浊，独宿则神不浊，默坐则心不浊，读书则口不浊。

空山瀑走，绝壑松鸣，是有琴意；危楼雁度，孤艇风来，是有笛意；幽涧花落，疏林鸟坠，是有筑意；画帘波漾，平台月横，是有箫意；清溪絮扑，丛竹雪洒，是有筝意；芭蕉雨粗，莲花漏续，是有鼓意；碧瓯茶沸，绿沼鱼行，是有阮意；玉虫妥烛，金莺坐枝，是有歌意。

琴医心，花医肝，香医脾，石医肾，泉医肺，剑医胆。

对酒不能歌，盲于口；登高不能赋，盲于笔；古碑不能模，盲于手；名山水不能游，盲于足；奇才不能交，盲于胸；庸众不能容，盲于腹；危词不能受，盲于耳；心香不能嗅，盲于鼻。

静一分慧一分，忙一分惯一分。

至人无梦，下愚亦无梦，然而文王梦熊，郑人梦鹿；圣人无泪，强悍亦无泪，然而孔子泣麟，项王泣骓。

水仙以玛瑙为根，翡翠为叶，白玉为花，琥珀为心，而又以西子为色，以合德为香，以飞燕为态，以宓妃为名，花中无第二品矣。

小园玩景，各有所宜：风宜环松杰阁，雨宜俯涧轩窗，月宜临水平台，雪宜半山楼槛，花宜曲廊洞房，烟宜绕竹孤亭，初日宜峰顶飞楼，晚霞宜池边小杓。雷者天之盛怒，宜危坐佛龛；雾者天之肃气，宜屏居邃闼。

高柳宜蝉，低花宜蝶，曲径宜竹，浅滩宜芦，此天与人之善顺物理，而不忍颠倒之者也。胜境属僧，奇境属商，别院属美人，穷途属名士，此天与人之善逆物理，而必欲颠倒之者也。

名山镇俗，止水涤妄，僧舍避烦，莲花证趣。

星象要按星实测，拘不得成图；河道要按河实浚，拘不得成说；民情要按民实求，拘不得成法；药性要按药实咀，拘不得成方。

奇山大水，笑之境也；霜晨月夕，笑之时也；浊酒清琴，笑之资也；闲僧侠客，笑之侣也；抑郁磊落，笑之胸也；长歌中令，笑之宣也；鹤叫猿啼，笑之和也；棕鞋桐帽，笑之人也。

朦字不能尽梅，淡字不能尽梨，韵字不能尽水仙，艳字不能尽海棠。

樱桃以红胜，金柑以黄胜，梅子以翠胜，葡萄以紫胜，此果之艳于花者也；银杏之黄，乌桕之红，古柏之苍，筼竿之绿，此叶之艳于花者也。

脂粉长丑，锦绣长俗，金珠长悍。

雨生绿萌，风生绿情，露生绿精。

村树宜诗，山树宜画，园树宜词。

抟土成金，无不满之欲；画笔成人，无不偿之愿；缩地成胜，无不扩之胸；感香成梦，无不证之因。

鸟宣情态，花写情态，香传情韵，山水开情窟，天地辟情源。

将营精舍先种梅，将起画楼先种柳。

词章满壁，所嗜不同；花卉满圃，所指不同；粉黛满座，所视不同。

爱则知可憎，憎则知可怜。

云何出尘？闭户是；云何享福？读书是。

利字从禾，利莫甚于禾，劝勤耕也；从刀，害莫甚于刀，戒贪得也。

乍得勿与，乍失勿取，乍怒勿责，乍喜勿诺。

素深沉，一事坦率便能贻误；素和平，一事愤激便足取祸。故接人不可以猝然改容，持己不可以偶尔改度。

有深谋者不轻言，有奇勇者不轻斗，有远志者不轻干进。

孤洁以骇俗，不如和平以谐俗；啸傲以玩世，不如恭敬以陶世；高峻以拒物，不如宽厚以容物。

冬室密，宜焚香；夏室敞，宜垂帘。焚香宜供梅，垂帘宜供兰。

楼无重檐则蓄鹦鹉，池无杂影则蓄鹭鸶，园有山始蓄鹿，水有藻始蓄鱼。蓄鹤则临沼围栏，蓄燕则沿梁承板，蓄狸奴则墩必装褥，蓄玉猧则户必垂花，微波菡萏多蓄彩鸳，浅渚菰蒲多蓄文蛤，蓄雉则镜悬不障，蓄兔则草长不除，得美人始蓄画眉，得侠客始蓄骏马。

任气语少一句，任足路让一步，任笔文检一番。

偏是市侩喜通文，偏是俗吏喜勒碑，偏是恶姁喜诵佛，偏是书生喜谈兵。

真好色者必不淫，真爱色者必不滥。

侠干勿轻结，美人勿轻盟，恐其轻为我死也。

宁受呼蹴之惠，勿受敬礼之恩。

贫贱时少一攀援，他日少一掣肘；患难时少一请乞，他日少一疚心。

舞弊之人能防弊，谋利之人能兴利。

善诈者借我疑，善欺者借我察。

英雄割爱，奸雄割恩。

天地自然之利，私之则争；天地自然之害，治之无益。

汉魏诗象春，唐诗象夏，宋元诗象秋，有明诗象冬。

鬼谷子方可游说，庄子方可诙谐，屈子方可牢骚，董子方可议论。

唐人之诗多类名花：少陵似春兰幽芳独秀，摩诘似秋菊冷艳独高，青莲似绿萼梅仙风骀荡，玉溪似红萼梅绮思便娟，韦、柳似海红古媚在骨，沈、宋似紫薇矜贵有情，昌黎似丹桂天葩洒落，香山似芙蓉蕙慧相清奇，冬郎似铁梗垂丝，阆仙似檀心罄口，长吉似优昙钵彩云拥护，飞卿似曼陀罗璃月玲珑。

跋

余重刊《幽梦影》，既藏吴门潘椒坡明府，远自临湘任所寄示以《幽梦续影》，谓为镇洋朱撷筠大令所著，其弟伯寅尚书所刊，曷不并入，以成合璧。余受而读之，觉词句隽永，与前书颉颃，一新耳目。爰体明府之意趣，付手民。愿与阅是书者，共探其奥而索其旨焉。

光绪七年季春月仁和葛元煦理斋识

馔®

出 品 人：许　永
责任编辑：许宗华
特邀编辑：黎福安
装帧设计：海　云
内文制作：万　雪
印制总监：蒋　波
发行总监：田峰峥

投稿信箱：cmsdbj@163.com
发　　行：北京创美汇品图书有限公司
发行热线：010-59799930

创美工厂　　创美工厂
官方微博　　微信公众号

围炉夜话

[清] 王永彬 著

中国友谊出版公司

图书在版编目（ＣＩＰ）数据

围炉夜话 / "学而书馆"编辑组编译 . —— 北京 ：
中国友谊出版公司，2014.5（2022.7 重印）
ISBN 978-7-5057-3350-3

Ⅰ．①围… Ⅱ．①学… Ⅲ．①个人－修养－中国－清
代②《围炉夜话》－译文③《围炉夜话》－注释 Ⅳ．
① B825

中国版本图书馆 CIP 数据核字 (2014) 第 058884 号

书名	围炉夜话
作者	[清] 王永彬
编译	"学而书馆"编辑组
出版	中国友谊出版公司
发行	中国友谊出版公司
经销	新华书店
印刷	天津丰富彩艺印刷有限公司
规格	640×960毫米　16开
	8印张　85千字
版次	2014年6月第1版
印次	2022年7月第6次印刷
书号	ISBN 978-7-5057-3350-3
定价	35.00元
地址	北京市朝阳区西坝河南里17号楼
邮编	100028
电话	（010）64678009

版权所有，翻版必究

如发现印装质量问题，可联系调换

电话　（010）59799930-601

序

　　寒夜围炉，田家妇子之乐也。顾籍灯坐对，或默默然无一言，或嘻嘻然言非所宜言，皆无所谓乐，不将虚此良夜乎？余识字农人也。岁晚务闲，家人聚处，相与烧煨山芋，心有所得，辄述诸口，命儿辈缮写存之，题曰"围炉夜话"。但其中皆随得随录，语无伦次且意浅辞芜，多非信心之论，特以课家人消永夜耳，不足为外人道也。倘蒙有道君子惠而正之，则幸甚。

　　咸丰甲寅二月既望　王永彬书于桥西馆之一经堂

一

　　教子弟①于幼时，便当有正大光明②气象③；检④身心⑤于平日，不可无忧勤⑥惕厉⑦功夫。

【注释】

　　① 子弟：对后学晚辈的统称。

　　② 正大光明：正直磊落的样子，语出《朱子语类》卷七三："圣人所说底话，光明正大。"

　　③ 气象：气度与形象。

　　④ 检：检讨，反省。

　　⑤ 身心：言行与思想。

　　⑥ 忧勤：忧愁劳苦。

　　⑦ 惕厉：惕，警惕，戒惧。厉，磨砺。《易·乾》："君子终日乾乾，夕惕若厉。"

【译文】

　　教导后学晚辈，不仅要让后辈子弟从小就有正直磊落的气度与形象，还要让他们养成经常反省自己思想与言行的习惯，不能没有忧患意识和自我砥砺的修养功夫。

二

　　与朋友交游①，须将他好处②留心学来，方能受益；对圣贤言语，必要我平时照样行去，才算读书。

【注释】

① 交游：交流往来。

② 好处：指长处。

【译文】

和朋友来往，要留心学习他们的长处，才会从中受益。学习古代圣贤的良言警句，平时需身体力行，才算真正读懂了圣贤书。

三

贫无可奈惟求俭，拙亦何妨①只要勤。

【注释】

① 何妨：没什么妨害。

【译文】

穷到无可奈何时，只要节俭还可以度日。天资愚钝也没什么大不了的，只要勤奋，也能弥补不足。

四

稳当①话，却是平常话，所以听稳当话者不多；本分②人，即是快活人，无奈做本分人者甚少。

① 稳当：稳妥。

② 本分：老实，安分守己。

【译文】

　　稳妥的话，都是平淡寻常的话，所以喜欢听这种话的人不多；老实安分的人，就是活得快乐的人，只可惜愿意安守平淡做本分的人太少。

五

　　处事要代人作想①，读书须切己②用功。

【注释】

① 代人作想：为他人着想。

② 切己：自己切实地。

【译文】

　　办事时要多为他人着想，读书时要自己切实用功。

六

　　一"信"①字是立身之本，所以人不可无也；一"恕"②字是接物之要，所以终身可行也。

【注释】

① 信：儒家伦理范畴，指诚实讲信用。

② 恕：推己及人之心，即"己所不欲，勿施于人"。

【译文】

一个"信"字，是人活在世的立身之本，所以每个人都不能没有诚信；一个"恕"字，是人交际往来的重要品德，所以每个人都应该终身奉行。

七

人皆欲会说话，苏秦①乃因会说而杀身；人皆欲多积财，石崇②乃因多积财而丧命。

【注释】

① 苏秦：战国时著名的纵横家，善辞令，曾游说六国合纵抗秦。后合纵被破，至齐为客卿，因与齐大夫争宠而被处死。

② 石崇：晋代人，家财可敌国，奢靡成风，好与人斗富。后遭人所诬而被杀。

【译文】

人都希望自己能说会道，可苏秦却因能言善辩而死；人都想拥有巨额资财，可石崇就因为财富太多而丢了性命。

八

教小儿宜严，严气①足以平躁气②；待小人③宜敬，敬心④可以化邪心。

【注释】

① 严气：即严肃的作风。

② 躁气：浮躁的秉性。

③ 小人：指见识短浅或心术不正的人。

④ 敬心：端敬的态度。

【译文】

教育小孩应该严格，严肃的作风足以平息孩子心中的浮躁气；对待小人应该端敬，端敬的态度可以令他们收敛邪恶的心思。

九

善谋生者，但①令长幼内外勤修恒业②，而不必富其家；善处事者，但就③是非可否审定章程④，而不必利于己。

【注释】

① 但：仅，只。

② 恒业：持久的事业。

③ 就：针对。

④ 章程：办事的规矩。

【译文】

善于谋生的人，只要让家人不分长幼内外，都能勤奋工作，干好本职就好，而不必刻意追求富贵；善于处理事务的人，只要针对事情的对与错及其可行与不可行做出决断并制定章程，而不必一定让自己有利可图。

十

名利之不宜得者竟得之，福终为祸；困穷之最难耐者能耐之，苦定回甘。生资①之高在忠信，非关机巧②；学业之美在德行，不仅文章。

【注释】

①生资：指人的资质。

②机巧：指善用心机和手段。

【译文】

不当得到的名利，竟然轻易得到了，看似是福，实则终将变成祸事；贫穷和困境是最让人难以忍耐的，但却能忍耐住，一定会苦尽甘来。

人的资质的高低在于是否忠诚守信，而绝不体现在用心机、耍手段上；学业好是以品德情操的高尚为标准，而绝不只表现在漂亮文章上。

十一

风俗日趋于奢淫①，靡所底止②，安得有敦③古朴之君子④，力挽江河；人心日丧其廉耻，渐至消亡，安得有讲名节⑤之大人，光争日月⑥。

【注释】

①奢淫：过分奢侈。

② 靡所底止：没有止境。

③ 敦：淳朴，笃实。

④ 君子：指品德高尚的人。

⑤ 名节：名声与操守，这里泛指好的声望。

⑥ 光争日月：与日月争辉。

【译文】

社会风气日渐奢侈淫靡，以致没有了底线，真心希望出现像古代君子那样淳朴笃实、品德高尚的人来力挽这世风日下的局面。人心日趋退化到了寡廉鲜耻的地步，忠厚良善也正渐渐消亡，衷心渴望出现有着崇高威望的伟人用他那可与日月争辉的人格力量来感召人心。

十二

人心统①耳目官骸②，而于百体为君③，必随处见神明之宰；人面合眉眼鼻口，以成一字曰"苦"（两眉为草，眼横鼻直而下承口，乃"苦"字也），知终身无安逸之时。

【注释】

① 统：统领。

② 耳目官骸：指五官和身体。

③ 于百体为君：指在身体中居首。

【译文】

人心统管身体的一切，是身体的主宰，所以必须时刻保持清醒端正，不能昏聩出错。人的脸上长着眉、眼、鼻、口，看上去像个"苦"字（两个眉毛像草字头，两眼为一横，鼻梁为竖，下面是口，这就像个"苦"字啊），这就告诉我们，人只要活着，就不会有安逸的时候。

十三

伍子胥①报父兄之仇而郢都灭，申包胥②救君上之难而楚国存，可知人心足恃③也；秦始皇灭东周之岁而刘季④生，梁武帝灭南齐之年而侯景⑤降，可知天道好还⑥也。

【注释】

①伍子胥：春秋时楚国人，其父兄皆被楚平王杀害，因此投奔吴国，发誓灭楚。后辅佐吴王阖闾，并与孙武一同伐楚，攻破楚都，掘平王墓，鞭尸复仇。

②申包胥：春秋时楚国大夫，与伍子胥交好。

③恃：倚仗，凭附。

④刘季：即刘邦，汉高祖。古时兄弟按伯、仲、叔、季排行，刘邦排行第四，故称。秦末楚汉之争中，他打败项羽，建立西汉。

⑤侯景：南朝时梁人，先在北朝尔朱荣手下为将，后投靠高欢。高欢死后又附于梁，被封为河南王，后叛乱，破建康，梁武帝萧衍因此被困台城而饿死，侯景乃称帝。

⑥天道好还：指天理公道，善恶终有报。

【译文】

伍子胥为了给父兄报仇而攻破了楚国的郢都，申包胥救楚王于危难而保全了楚国不至灭亡。由此可见，只要下定决心做事，就一定可以成功。

秦始皇灭掉东周那一年，恰巧后来灭秦建汉的刘邦出生了；南朝梁武帝灭齐国的那一年，后来反叛灭梁的侯景前来归降。由此可知，天理自有公道，报应不爽。

十四

有才必韬藏^①，如浑金璞玉^②，暗然^③而日章^④也；为学无间断，如流水行云，日进而不已^⑤也。

【注释】

① 韬藏：指深藏不露。

② 浑金璞玉：指未经提炼的金和未经雕琢的玉，比喻人品质朴。

③ 暗然：没有光彩的样子。

④ 章：同"彰"，即彰显。

⑤ 已：停，止。

【译文】

有真才实学的人往往深藏不露，如同那未经加工打磨的金玉一般，虽不炫目，日久自会彰显出光彩；做学问一定不能间断，就像那不息的流水与行云一般，每天都有所得才不会停下前进的脚步。

十五

积善之家必有余庆①，积不善之家必有余殃②，可知积善以遗子孙，其谋甚远也；贤而多财则损其志，愚而多财则益③其过，可知积财以遗子孙，其害无穷也。

【注释】

① 余庆：留给后世子孙的福泽。

② 余殃：留给后世子孙的灾殃。

③ 益：增多，加重，与"损"相对。

【译文】

凡做善事的人家，必然留给子孙福泽；而多行不善的人家，留给子孙的则必是祸殃。由此可知，多做善事，为子孙留后福，才是为子孙做的长远打算。

即便是贤能的人广聚了家财，也容易让人不思进取而耽于享受；而愚笨的人一旦拥有了很多金钱，则更容易加重他的过失。由此可知，广积资财留给子孙，只有无穷的害处。

十六

每见待子弟严厉者易至成德①，姑息②者多有败行③，则父兄之教育所系也；又见有子弟聪颖者忽入下流，庸愚④者转为上达⑤，则父兄之培植⑥所关也。人品之不高，总为一"利"字看不破；学业之不进，总为一"懒"字丢不开。德足以感人，而以有德当⑦大权，其感⑧尤速；财足以累己，而以有财处乱世，其累尤深。

【注释】

① 成德：盛德。《易·乾》："君子以成德为行。"

② 姑息：无原则地溺爱与纵容。

③ 败行：败坏的德行。

④ 庸愚：资质平庸而愚钝。

⑤ 上达：高尚。

⑥ 培植：培养，教育。

⑦ 当：担当，执掌。

⑧ 感：感化。

【译文】

常常见到那些对子孙严格要求的人家，其子孙容易成长为品德高尚的人；而那些对子孙迁就纵容的人家，其子孙往往不成器甚而道德败坏。所以，父兄长辈的教育至关重要。还可以看到一些天资聪颖的后辈不经意间成了品格低劣的人，而有些天资平庸的子弟反而成为德行高尚的人，这也说明了父兄长辈的教育至关重要。

如果一个人的品行不高，那都是因为不能把一个"利"字看透；如果一个人的学习和事业总没有长进，那都是因为不能把一个"懒"字抛开。

崇高的品德足以感化他人，而品德高尚的人如能执掌高位而行使权威，感化他人便会特别容易，收效更快；富足的钱财只会拖累自己，而如果在混乱的社会中拥有巨额的财富，那么这种拖累尤其深重可怕。

十七

读书无论资性高低，但能勤学好问，凡事思一个所以然，自有义理^①贯通之日；立身不嫌家世贫贱，但能忠厚老成，所行无一毫苟且处，便为乡党^②仰望之人。

【注释】

① 义理：此处指道理、合于伦理道德的行为准则。

② 乡党：按周制，二十五家为闾，四闾为族，五族为党，五党为州，五州为乡。这里泛指乡里。

【译文】

读书不论天资高低，只要能勤学好问，对所有事都有知其所以然的想法，自然会有通晓人生道理的一天；在社会上立身处世，不要因为出身寒门而自卑，只要忠厚老成，举止行为绝不违背道义准则，不做苟且之事，就一定会成为乡里敬仰的对象。

十八

孔子何以恶^①乡愿^②，只为他似忠似廉，无非假面孔；孔子何以弃^③鄙夫^④，只因他患得患失，尽是俗人心肠。

【注释】

①恶：憎恶。

②乡愿：指外表忠厚老实而内心奸诈的伪善之徒。

③弃：嫌弃。

④鄙夫：指人格低下的浅薄之徒。

【译文】

孔子为什么憎恶那些外表忠厚而内心狡诈的伪善之徒呢？因为这些人的"忠厚清廉"不过是些假面孔而已。孔子又为什么会嫌弃那些浅薄之徒呢？因为这些人只看重个人得失，都是些锱铢必较的俗物。

十九

打算①精明，自谓得计②，然败祖父之家声③者，必此人也；朴实浑厚，初无甚奇，然培子孙之元气④者，必此人也。

【注释】

①打算：指算计。

②得计：谋划得逞。

③家声：指家族的声誉。

④元气：此处指精神内涵的蓬勃与奋发。

【译文】

算计得很精明，自以为得计，但将来败坏他祖上的美誉而招来骂名的，必定是这类人；朴实厚道的人，乍看上去也没什么特别之处，但培养并传递给子孙奋发图强精神的一定会是他们。

二十

心能辨是非，处事方能决断；人不忘廉耻，立身自不卑污。

【译文】

心中能明辨是非，处理事情才会坚决果断；做人能不忘廉耻，为人处世就不会有卑劣的行径。

二一

忠有愚忠，孝有愚孝，可知"忠孝"二字，不是伶俐人①做得来；仁有假仁，义有假义，可知"仁义"两行②，不无奸恶人藏其内。

【注释】

①伶俐人：即聪明人，此处指巧言令色、见风使舵的人。

②行：即道路。

【译文】

忠有愚忠，孝有愚孝，由此可知，"忠"和"孝"这两个字，不是那些所谓的"聪明人"能做得来的。仁义之外，也有假仁假义，由此可知在"仁"与"义"这两条路上，也有不少奸滑之徒以仁义之名混迹其间。

二二

　　权势之徒，虽至亲亦作威福，岂知烟云过眼，已立见其消亡；奸邪之辈，即平地亦起风波，岂知神鬼有灵，不肯听其颠倒。

【译文】

　　有权有势的人，即便对至亲好友也要作威作福，哪里知道权势就像过眼云烟，转瞬即逝而不留一丝痕迹；奸佞邪祟的人，哪怕是在平地也要兴风作浪，又哪里知道天地间自有神明，不会听任他颠倒黑白。

二三

　　自家富贵，不着意里①；人家富贵，不着眼里②。此是何等胸襟！古人忠孝，不离心头；今人忠孝，不离口头。此是何等志量③！

【注释】

　　① 不着意里：不放在心上，不炫耀。
　　② 不着眼里：不眼热，不嫉妒。
　　③ 志量：志向与气量，指一个人的胸怀。

【译文】

　　自家富贵不放心上不有意炫耀，人家富贵也不放眼里而全无嫉妒，这是何等的胸怀。对古人忠孝的事迹时刻挂心而不忘身体力行，对今人忠孝的事迹大加褒奖称道，这又是何等的气度。

二四

　　王者不令人放生，而无故却不杀生，则物命可惜也；圣人不责①人无过，惟多方诱之改过，庶②人心可回也。

【注释】

　　①责：此处指苛求。

　　②庶：作副词用，或许、可能，表示推测。

【译文】

　　君王虽不命人有意放生，但也不会无故滥杀，这说明万物有灵，生命值得珍惜；圣贤之人不会苛求他人没有任何过失，只会用各种方法引导人们改正错误，或许就可以使人心由恶转善，回归正道。

二五

　　大丈夫①处事，论是非，不论祸福；士君子②立言③，贵平正④，尤贵精详⑤。

【注释】

　　①大丈夫：有志气、有作为的人。

②士君子：有节操、有学问的人。

③立言：著书立说。古时，"立言"与"立德"、"立功"作为人生崇高理想，被称为"三不朽"，是儒家子弟的人生奋斗目标。

④平正：公平、公正，不偏颇。

⑤精详：精确周详。

【译文】

有所作为的大丈夫在处理事情时，只注重对与错，不会考虑给自己带来的是福还是祸；有节操的君子在著书立说时，都是以公正客观为准绳，尤其看重精准周详。

二六

求科名①之心者，未必有琴书之乐；讲性命之学②者，不可无经济③之才。

【注释】

①科名：原指科举考试中的名目，此处代指科举功名。

②性命之学：有关生命境界的一种学问。

③经济：经世与济民的并称。

【译文】

一心追求科举功名的人，不一定能体会到琴棋书画的乐趣；追求生命的形而上境界的人，不可以没有经世济民的才能。

二七

泼妇之啼哭怒骂，伎俩①要亦无多，惟静而镇之，则自止矣；谗人之簸弄②挑唆，情形虽若甚迫，苟③淡然置之，是自消矣。

【注释】

① 伎俩：即招数、花样，多为贬义。

② 簸弄：造谣生事。

③ 苟：假若。

【译文】

泼妇哭闹叫骂的招数不过就那几下子，只要泰然处之，其自觉没趣便会终止；喜欢挑拨离间的人常常搬弄是非，虽然情形看上去很要紧，但如果能淡然处之，自讨没趣后流言自会消失。

二八

肯救人坑坎①中，便是活菩萨；能脱身牢笼外，便是大英雄。

【注释】

① 坑坎：比喻危难的情形。

自愿救助陷入危难之中的人，就如同在世的活菩萨；能超然于俗世之外的人，便称得上大英雄。

二九

气性乖张[①]，多为夭亡之子；语言深刻[②]，终为薄福之人。

【注释】

① 乖张：形容偏执，不讲情理。

② 深刻：尖酸刻薄。

【译文】

性情偏执暴躁，多是短命的人；言语尖酸刻薄，定是没福分的人。

三十

志不可不高，志不高，则同流合污，无足有为矣；心不可太大，心太大，则舍近图远，难期有成矣。

【译文】

人的志向不能不高远，如果志向不高远，必被流俗与浊世所熏染，不会有什么作为；人的心气不能太大，如果心气过大，就会好高骛远，很难指望会有什么成就。

三一

贫贱非辱，贫贱而谄求于人为辱；富贵非荣，富贵而利济于世为荣。讲大经纶①，只是实实落落；有真学问，决不怪怪奇奇。

【注释】

① 经纶：原意为整理过的蚕丝，此处指治国的道理。

【译文】

贫困和寒微不可耻，因贫困寒微而去谄媚乞求权贵才可耻；富贵谈不上荣耀，而因富贵能济世利民就是荣耀。治国的大学问，必须求真务实，脚踏实地；有真学问的人，肯定不会故弄玄虚。

三二

古人比父子为桥梓①，比兄弟为花萼②，比朋友为芝兰③，敦伦④者，当即物穷理⑤也。今人称诸生曰秀才，称贡生曰明经，称举人曰孝廉，为士者，当顾名思义也。

【注释】

① 桥梓：即乔梓，乔木和梓树。乔木高大挺拔，梓树矮小低伏。

② 花萼：花、萼同根同枝，喻同胞兄弟。

③ 芝兰：香草名。喻朋友。

④ 敦伦：古代婚礼的环节之一。此处指努力使关系和睦。

⑤ 即物穷理：程朱理学的范畴之一。即理在物先，要从具体事物出发推究其理。

【译文】

古人将父子比喻为乔木和梓树的关系，将兄弟比喻为花与萼的关系，将朋友比喻为芝兰香草。所以说，讲求人伦关系的人，都会由万物之理推及人伦之理。现在的人，称入国学的读书人为秀才，称入太学的生员为明经，称举人为孝廉。作为读书人，应当从这些称谓中领悟其深刻的含义。

三三

父兄有善行，子弟学之或不肖①；父兄有恶行，子弟学之则无不肖。可知父兄教子弟，必正其身以率②之，无庸③徒事言词④也。君子有过行，小人嫉之不能容；君子无过行，小人嫉之亦不能容。可知君子处小人，必平其气以待之，不可稍形激切也。

【注释】

① 不肖：不像，不一样。

② 率：即表率。

③ 无庸：无须。

④ 徒事言词：仅用言语。

【译文】

　　父辈或兄长有善举，子弟们未必学得一样；父辈或兄长有恶行，子弟们倒是一学就会。可知父兄长辈在教导子弟时，必要以身作则，自正其身，为子弟做好表率，这比口头说教更有说服力。

　　君子有了过错，小人会因嫉恨而不肯放过他们；君子没有过错，小人也会因嫉恨而不肯善罢甘休。由此可以知道，君子在和小人相处时一定要平心静气地待他们，要小心翼翼，不可有任何急躁与激切的言行。

三四

　　守身不敢妄为，恐贻①羞于父母；创业还需深虑，恐贻害于子孙。

【注释】

　　① 贻：留。

【译文】

　　人应该约束自身，不可胡作非为，以免让双亲蒙羞；人在建功立业时也应该深谋远虑，以免给子孙后代留下无穷祸患。

三五

　　无论做何等人，总不可有势利气；无论习何等业，总不可有粗浮心。

　　不论做怎样的人，都不该有趋炎附势、媚富贱贫的习气；不论从事什么行业，都不该有疏忽浮躁的心性。

三六

　　知道自家是何等身份，则不敢虚骄矣；想到他日是那样下场，则可以发愤矣。

【译文】

　　清楚知道自己是什么样的人，就不敢妄自尊大；想到虚度年华会落得一事无成的下场，就必然会发愤图强。

三七

　　常人突遭祸患，可决其再兴，心动于警励也；大家①渐及消亡，难期其复振，势成于因循也。

【注释】

　　①大家：指名门望族，大户人家。

【译文】

　　平常人在突遭灾祸时一定会发愤图强，试图东山再起，这是因为他的忧患意识在不断地警醒和激励他；而名门望族在日渐衰亡时很难指望其能重整旗鼓，这是因为他们已养成因循守旧的恶习，很难改变了。

三八

天地无穷期，生命则有穷期，去一日便少一日；富贵有定数，学问则无定数，求一分便得一分。

【译文】

天地永恒，无穷无尽，人生却很有限，过一天就少一天；荣华富贵自有定数，但学问却并非如此，只要用功一分，便会增长一分。

三九

处世有何定凭？但求此心过得去；立业无论大小，总要此身做得来。

【译文】

处世之道其实也没什么固定的行为准则，只求问心无愧就行了；创立基业时，不管规模大小，都要根据自身情况量力而行，能担当得起才行。

四十

气性①不和平，则文章事功②俱无足取；语言多矫饰③，则人品心术尽属可疑。

【注释】

① 气性：指性格。

② 文章事功：学问和事业。

③ 矫饰：虚伪做作，掩盖其本来面目。

【译文】

性格不平和，无论做学问还是干事业，都不可能上进而有所成就；一个人的言语总是做作虚伪，那这个人的品质和心术就很值得怀疑了。

四一

误用聪明，何若^①一生守拙^②；滥^③交朋友，不如终日读书。

【注释】

① 何若：哪里比得上，怎如。

② 守拙：安守愚拙，不巧伪。

③ 滥：过度，无节制。

【译文】

聪明用错了地方，还不如一辈子抱守愚钝与笨拙；乱交朋友，还不如终日闭门读书。

四二

看书须放开眼孔^①，做人要立定脚跟。

【注释】

① 放开眼孔：开阔眼界与心胸。

【译文】

读书须放开眼界，心胸开阔；做人则要坚守原则，站稳立场。

四三

严①近乎矜②，然严是正气，矜是乖气③；故持身贵严，而不可矜。谦似乎谄，然谦是虚心，谄是媚心；故处世贵谦，而不可谄。

【注释】

① 严：威严，庄重。

② 矜：傲慢自负的样子。

③ 乖气：乖僻的邪气。

【译文】

威严庄重看起来像傲慢自负，但威严庄重是正气使然，而傲慢自负却是乖僻邪气。所以立身处世要以威严庄重为要，切不可傲慢自负。

谦逊和善看上去像奉承谄媚，但谦逊和善是虚心待人，而奉承谄媚却是曲意逢迎，所以为人处世要以谦逊和善为要，切不可谄媚奉承。

四四

财不患①其不得，患财得而不能善用其财；
禄②不患其不来，患禄来而不能无愧其禄。

【注释】

①患：忧虑，担心。

②禄：福运。

【译文】

不必忧心于得不到钱财，而应忧心于钱财得到后却不能
妥善地使用；也不必忧心于福运不降临，而应忧心于福运降
临后能否心安理得地享用它。

四五

交朋友增体面，不如交朋友益身心；教子弟
求显荣①，不如教子弟立品行。

【注释】

①显荣：显贵，荣耀。

【译文】

交朋友如果是为了脸面有光，不如结交对自己的身心有
所裨益的朋友；与其教导子弟去追逐显贵荣宠，不如教导他
们养成优秀的品行。

四六

君子存心但凭忠信，而妇孺皆敬之如神，所以君子落得为君子；小人处世尽设机关^①，而乡党皆避之若鬼，所以小人枉^②做了小人。

【注释】

① 机关：原指没有机件而能制动的机械，后喻指花招，算计。

② 枉：徒然，枉然。

【译文】

君子用心着意以诚实守信为本，故而连妇人孩童都像敬神明一样尊重他，所以君子才名副其实地被称为君子；小人处世费尽心机，凭的全是诡计花招，故而乡邻亲友都像躲鬼怪一样避开他，所以小人再怎么算计都是白费工夫，白白做了小人。

四七

求个良心管我，留些余地处人。

【译文】

做人要凭良心来约束自己；与人相处要能容忍和留余地。

四八

　　一言足以召①大祸，故古人守口如瓶，惟恐其覆坠也；一行足以玷终身，故古人饬躬若璧②，惟恐有瑕疵也。

【注释】

　　①召：同"招"，招来。

　　②饬躬若璧：自我修养得像白璧一样无瑕。饬躬，正己。

【译文】

　　一句话就能招来大祸，所以古人守口如瓶，言辞谨慎，唯恐惹来毁家杀身之灾；一个不检点的行为足以玷污一生的名节，所以古人守身如玉，行为端正，唯恐玷污了一世清白。

四九

　　颜子之不较①，孟子之自反②，是贤人处横逆③之方；子贡之无谄④，原思之坐弦⑤，是贤人守贫穷之法。

【注释】

　　①颜子之不较：语出《论语·泰伯》："有若无，实若虚，犯而不较。"

　　②孟子之自反：语出《孟子·离娄下》："有人于此，其待我以横逆，则君子必自反也。"

③横逆：蛮横无理。

④子贡之无谄：语出《论语·学而》："子贡曰：'贫而无谄，富而无骄，何如？'子曰：'可也。未若贫而乐，富而好礼也。'"

⑤原思之坐弦：事见《史记·仲尼弟子列传》。原思，即原宪，字子思，孔门弟子。坐弦，安坐拨弦自娱。

【译文】

·　颜渊的不计较、孟子的自我反省，这是圣贤遇到蛮横无理的人刁难时的应对之道；子贡擅长言辞却不阿谀奉承，子思安坐拨弦而自得其乐，这是圣贤身处贫困时的守身之道。

五十

观朱霞，悟其明丽；观白云，悟其卷舒；观山岳，悟其灵奇；观河海，悟其浩瀚。则俯仰间皆文章也。对绿竹，得其虚心；对黄华①，得其晚节；对松柏，得其本性；对芝兰，得其幽芳。则游览处皆师友也。

【注释】

①黄华：指秋日的菊花。

【译文】

看天边彩霞，体味它的绚烂妩媚；看头顶白云，体味它的卷舒悠闲；看连绵群山，体味它的灵奇秀险；看江河湖海，体味它的浩瀚无边。只要用心体会，天地俯仰之间，无处不是好文章。

赏绿竹，知虚心妙处；赏黄菊，知晚节高古；赏松柏，知坚韧风骨；赏芝兰，知芬馥芳香。只要用心体会，所见处无不是良师益友。

五一

行善济人^①，人遂得以安全，即在我亦为快意；逞奸^②谋事，事难必其稳便，可惜他徒自坏心。

【注释】

① 济人：助人。

② 逞奸：使奸诈手段。

【译文】

做好事助人，他人因而得平安，自己也会很开心；使奸诈手段谋事情，事情很难确保稳妥顺遂，还白白坏了自家心性。

五二

不镜于水，而镜于人，则吉凶可鉴^①也；不蹶^②于山，而蹶于垤^③，则细微宜防也。

【注释】

① 鉴：明察。

② 蹶：摔跟头。

③ 垤（dié）：小的土堆。

【译文】

不以水为镜，而以他人得失成败为镜来观照自己，很多事情的吉凶祸福就可一目了然；没在山上摔跟头，却被一个小土堆绊倒，由此可知，即使细微处也应该多提防。

五三

凡事谨守规模①，必不大错；一生但足衣食，便称小康。

【注释】

① 规模：规矩与范式。

【译文】

凡事只要恪守规范，就一定不会出大错；一辈子只要丰衣足食，就可称得上是小康人家。

五四

十分不耐烦，乃为人之大病；一味学吃亏，是处世之良方。

【译文】

非常不能容忍他人和某些事端，是做人的大毛病；总是怀着能吃亏的态度，是很好的处世之道。

五五

习读书之业，便当知读书之乐；存为善之心，不必邀^①为善之名。

【注释】

① 邀：努力求取。

【译文】

把读书当作一项功业去努力，自然会得到读书带来的乐趣；心中怀着做善事的念头，没必要非得去争那些乐善好施的虚名。

五六

知往日所行之非^①，则学日进矣；见世人可取^②者多，则德日进矣。

【注释】

① 非：不对的地方。

② 取：取法。

【译文】

能认识到过去的行为有不对的地方，就说明学问在一天天进步；能看到别人的言行可取之处有很多，就说明品德在一天天提高。

五七

敬他人，即是敬自己；靠自己，胜于靠他人。

【译文】

敬重他人，就是尊重自己；依靠自己，胜过依赖他人。

五八

见人善行，多方赞成；见人过举①，多方提醒；此长者待人之道也。闻人誉言，加意奋勉②；闻人谤语③，加意警惕；此君子修己之功也。

【注释】

① 过举：有过失的举止。

② 奋勉：发奋勤勉。

③ 谤语：批评的话。

【译文】

见他人有善举要多加赞扬，见他人有过失要多加提醒，这是长者待人处世之道；听到他人赞美自己就要更加勤勉奋发，听到他人批评自己更要谨小慎微，这才是君子修身养性的真功夫。

五九

奢侈足以败家，悭吝^①亦足以败家。奢侈之败家，犹出常情；而悭吝之败家，必遭奇祸。庸愚足以覆事^②；精明亦足以覆事。庸愚之覆事，犹为小咎^③；而精明之覆事，必是大凶。

【注释】

① 悭吝：小气。

② 覆事：败坏事情。

③ 小咎：小错。

【译文】

奢侈足以使家业衰败，吝啬同样也会使家业衰败。因奢侈而败家的有常理可循，因吝啬而败家的必是遭了意料不到的灾祸。

愚笨会坏事，可过分精明也会坏事。因愚笨而造成的失败终归是些小过失，因精明过头而造成的损失一定是大患。

六十

种田人，改习尘市^①生涯，定为败路；读书人，干与^②衙门词讼^③，便入下流。

【注释】

① 尘市：城镇，此处指从商。

② 干与：掺和。

③ 词讼：代指打官司。

【译文】

耕田人改行从商，定会失败；读书人若掺和衙门打官司的事，也就步入庸俗之流了。

六一

常思某人境界①不及我，某人命运不及我，则可以知足矣；常思某人德业②胜于我，某人学问胜于我，则可以自惭矣。

【注释】

① 境界：处境。

② 德业：德行。

【译文】

每每想到还有人的地位处境或命运不如自己，就该知足而感恩；每每想起还有人的德行或学问超过自己，就该惭愧而发愤。

六二

读《论语》公子荆一章①，富者可以为法②；读《论语》齐景公一章，贫者可以自兴③。舍不得钱，不能为义士；舍不得命，不能为忠臣。

①公子荆一章：见《论语·子路》篇，孔子赞扬卫公子荆知足常乐且善理家产。

②法：范式，参照。

③自兴：通过自己的努力进取走向成功。

【译文】

读《论语》中公子荆那一章，富人可以从中获益；读《论语》中齐景公那一章，寒士也可以学到在逆境中发愤努力而获得成功的精神。舍不得自家钱财的人，就成不了义士；舍不得自家性命的人，就当不了忠臣。

六三

富贵易生祸端，必忠厚谦恭，才无大患；衣禄①原有定数，必节俭简省，乃可久延。

【注释】

①衣禄：指福禄。

【译文】

富贵最容易招祸，务必要宽厚待人、谦逊处世才不致于招致祸患；福禄本来都有定数，务必要节俭朴素，才能延续长久。

六四

作善降^①祥，不善降殃，可见尘世之间已分天堂地狱；人同此心，心同此理，可知庸愚之辈不隔圣域贤关^②。

【注释】

① 降：降下。

② 圣域贤关：圣贤的境界。

【译文】

积德行善，福分自会降临；为非作歹，灾祸不请自来。这说明人间就已分出天堂与地狱。人心相通，情理相通，要知道所谓的平庸愚笨之辈也跟圣贤境界有缘。

六五

和平处事，勿矫俗^①以为高；正直居心，勿设机^②以为智。

【注释】

① 矫俗：故意违背习俗。

② 设机：指算计。

【译文】

用平和的态度处世，不要故意违背常规习俗而自视孤高；以正直的心思待人，不要工于算计而自以为聪明。

六六

　　君子以名教^①为乐，岂如嵇阮^②之逾闲^③；

　　圣人以悲悯为心，不取沮溺^④之忘世。

【注释】

　　①名教：以正名定分为中心的封建礼教，又为儒教的别称。

　　②嵇阮：指嵇康与阮籍，生活于魏晋年间，都是"竹林七贤"代表人物。

　　③逾闲：指逾越常规，崇尚安闲。

　　④沮溺：指长沮和桀溺，泛指避世的隐士。

【译文】

　　君子以研习儒家经典为乐事，怎能像嵇康和阮籍那样逾越社会规范，安于闲适？圣人都怀着悲天悯人之心，不可能像长沮和桀溺那样逃避现实，不问世事。

六七

　　纵子孙偷安^①，其后必至耽酒色而败门庭^②；

　　教子孙谋利，其后必至争赀财^③而伤骨肉^④。

【注释】

　　①偷安：只顾眼前的安逸，不管将来。

　　②败门庭：使得门庭败落。

③ 赀财：指财货、财产。

④ 骨肉：喻指至亲的关系。

【译文】

　　放纵子孙只图眼前安逸，子孙日后必会沉迷于酒色而最终败坏了家业；教导子孙只谋钱财利益，子孙日后必会因争夺家业财产而骨肉相残。

六八

　　谨守父兄教诲，沉实①谦恭，便是醇潜②子弟；

　　不改祖宗成法，忠厚勤俭，定为悠久人家。

【注释】

① 沉实：沉稳踏实。

② 醇潜：宽厚。

【译文】

　　严格遵循父兄长辈的教诲，沉稳踏实，谦和恭敬，就是宽厚仁义的子弟；不随意更改祖宗留下的家法和治家之道，勤俭忠厚，就一定会成为长盛不衰的人家。

六九

　　莲朝开而暮合，至不能合则将落矣，富贵而无收敛①意者，尚其鉴之②；草春荣而冬枯，至于极枯则又生矣，困穷而有振兴志者，亦如是也。

【注释】

① 收敛：约束身心。

② 鉴之：以之为鉴。

【译文】

莲，早晨盛开而晚上闭合，不能闭合时也就是它要凋败之时。富贵不知约束身心的人，要以此为鉴。

草，春天盎然而冬日枯萎，枯萎到极致便又要发出新芽。身处贫困末路之中而有志振奋的人，也可以此为鉴。

七十

伐字从戈，矜字从矛，自伐自矜①者，可为大戒；仁字从人，义字从我，讲仁讲义者，不必远求。

【注释】

① 自伐自矜：即自吹自擂，吹嘘夸耀。伐、矜，均为自我夸耀之意。

【译文】

"伐"字右边是"戈"，"矜"字左边是"矛"，都是古之兵器，有杀伤意，所以自我吹嘘夸耀的人要引为大戒。

"仁"字左边是"人"，"义"（義）字下边是"我"，都体现在人自己身上，所以追求仁义的人不必舍近求远，只需从身旁做起。

七一

家纵贫寒，也须留读书种子；人虽富贵，不可忘稼穑艰辛。

【译文】

家境纵然贫寒，也要让子弟读书；即便得了富贵，也不可忘记耕种劳作的艰辛。

七二

俭可养廉，觉茅舍竹篱自饶清趣；静能生悟，即鸟啼花落都是化机^①。一生快活皆庸福^②，万种艰辛出伟人。

【注释】

① 化机：即造化的生机。
② 庸福：指平凡的福分。

【译文】

勤俭朴素可以培养出廉洁的品性，即使居住在竹篱茅棚中，也能感受到生活的乐趣；空灵静谧能令人深思并领悟天地的妙处，听飞鸟鸣啭，看花开花落，无不是造化的生机。

能一辈子无忧无虑地生活是一种平凡的福分，而历经千辛万苦才能成就不平凡的人。

七三

济世虽乏赀财而存心方便①，即称长者；生资虽少智慧而虑事精详，即是能人。

【注释】

① 存心方便：处处想着与他人方便。

【译文】

虽无足够的资财救济他人，但心里存着与人方便的念头，就称得上是有德行的长者；虽然天资不够聪明，没有太多的智慧，但只要谋事周到细致，也算是能干的人。

七四

一室闲居，必常怀振卓①心，才有生气；同人聚处，须多说切直②话，方见古风。

【注释】

① 振卓：振作奋发。

② 切直：恳切实在，极尽正直。

【译文】

在居室闲处时常怀振奋向上之心，即使陋室也能透出蓬勃的气象；与他人相处时多说恳切正直的话，才能体现古代圣贤的风范。

七五

观周公之不骄不吝，有才何可自矜；观颜子①之若无若虚②，为学岂容自足。门户之衰，总由于子孙之骄惰；风俗之坏，多起于富贵之奢淫。

【注释】

① 颜子：即颜回，孔子的弟子。

② 若无若虚：即有才而不显摆，有德而不炫耀。

【译文】

看一看周公的为人，从来不因自己的才德过人而骄纵傲慢，稍有点才能的人又有什么可自我炫耀的呢？再看看颜回，有才而不显摆，有德也不炫耀，在这种虚怀若谷的处世态度对照下，所有做学问的后辈晚生又怎能有稍许的自满自足呢？

一个家族的衰败，多是因子孙们的骄傲懒惰所致；社会风俗的败坏，都是因富贵者的奢华淫靡使然。

七六

孝子忠臣，是天地正气所钟①，鬼神亦为之呵护；圣经贤传②，乃古今命脉所系，人物悉赖以裁成。

① 钟：指集聚。

② 圣经贤传：指古代圣贤传下来的经典著作与论述。

【译文】

孝子和忠臣，无不是凝聚天地间浩然正气而形成，连鬼神都对之敬畏而倍加呵护；古代圣贤留传下来的经典著述，是古往今来维系社会伦理道德的命脉所在，所有杰出之士无不是靠着这些指引而一步步成长起来的。

七七

饱暖人所共羡，然使享一生饱暖，而气昏志惰①，岂足有为？饥寒人所不甘，然必带几分饥寒，则神紧骨坚②，乃能任事。

【注释】

① 气昏志惰：意志昏沉，松懈懒散的样子。

② 神紧骨坚：精神抖擞，意志坚定的样子。

【译文】

温饱的小康生活是每个人都羡慕渴望的，可是，真正一辈子吃穿不愁的人却容易意志消沉，松懈懒散，怎么能有所作为呢？

饥寒交迫的日子大家都不愿意过，可是，真正经受过这种生活考验的人却是精神抖擞，意志坚定，能够担当重任。

七八

愁烦中具潇洒襟怀，满抱皆春风和气；暗昧①处见光明世界，此心即白日青天。

【注释】

① 暗昧：昏暗隐秘。

【译文】

若在现实的愁苦和烦闷中保持豁达，必能满怀喜乐，如沐和暖的春风一般；若在境遇的晦暗和迷茫中保持清醒，必能心胸开阔，如在光明世界里行走一样。

七九

势利人装腔作调①，都只在体面上②铺张，可知其百为皆假；虚浮③人指东画西④，全不向身心内打算，定卜其一事无成。

【注释】

① 装腔作调：拿腔拿调，喻指矫揉做作。

② 体面上：指表面文章。

③ 虚浮：浮而不实。

④ 指东画西：比喻说话避开主题，东拉西扯而不着边际。

【译文】

媚富贱贫的人都矫揉做作，装腔作势，只把精力花在表面文章上，须知这种人干的所有事都是弄虚作假；虚伪浮夸的人都爱不切实际地东拉西扯，心中全然没有规划和目标，可以预见这类人必然什么事都干不成。

八十

不忮^①不求，可想见光明境界；勿忘勿助^②，是形容涵养功夫。

【注释】

①忮（zhì）：指嫉恨。

②勿忘勿助：语出《孟子》："必有事焉而勿正，心勿忘，勿助长也。"指修养的功夫是逐渐聚积的，心里不忘，由它自然生长，切忌拔苗助长。

【译文】

不嫉恨构陷他人，也不贪求富贵，可以想见，这种人的心境有多么光明；修养正气需注意涵蓄存养，时刻不忘聚积正义的力量，但也不可急于求成，拔苗助长。

八一

数^①虽有定，而君子但求其理^②，理既得，数亦难违；变固宜防，而君子但守其常，常无失，变亦能御。

【注释】

　　① 数：气数，运数。指命运。

　　② 理：事理，法则。

【译文】

　　命运自有定数，但君子做事只在意合乎事理，凡事若合理，运数也不会太差；事物总有变化，但君子做事总能够遵守常规，常道若不失，变数多也能应对。

八二

　　和为祥气，骄为衰气，相人者不难以一望而知；善是吉星，恶是凶星，推命者岂必因五行而定？

【译文】

　　平和是一团祥和气象，骄傲是一派衰败气象，会看相的人不难看出来；行善就有吉星高照，行恶定有凶星当头，算命的人何必一定要根据五行才能推断吉凶呢？

八三

　　人生不可安闲，有恒业才足收放心①；日用必须简省，杜奢端②即以昭俭德。

【注释】

　　① 收放心：收回放逸之心。语出《孟子·告子上》："学

问之道无他，求其放心而已矣。"

②端：苗头。

【译文】

人生不能耽于安逸闲散，有了可以不断追求的事业，才能收回放逸之心；日用花费必须节约俭省，只有杜绝奢侈排场的苗头，才能体现勤俭的美德。

八四

成大事功，全仗着秤心斗胆；有真气节，才算得铁面铜头。

【译文】

成就大事业大功绩的人，全靠着坚定的信念和超人的胆识；有真风骨真节操的人，才称得上公正无私，才会不畏权势。

八五

但责己，不责人，此远怨①之道也；但信己，不信人，此取败之由也。

【注释】

①远怨：指远离怨恨。

【译文】

只严格律己而不苟责他人，这是远离怨恨的好办法；只相信自己而不相信他人，这是导致失败的主要原因。

八六

无执滞^①心，才是通方士^②；有做作气，便非本色人。

【注释】

① 执滞：指固执，偏执。

② 通方士：通达事理的人。

【译文】

没有偏执狭隘的思想，才是个通达事理的人；有矫揉造作的习气，就不是个自然真诚的人。

八七

耳目口鼻，皆无知识之辈，全靠者心^①作主人；身体发肤，总有毁坏之时，要留个名称后世。

【注释】

① 者心：此心。

【译文】

耳目口鼻都不能思想，全受心的支配，心是百官主宰；身体发肤总有腐朽时，但要留个美名传后世。

八八

有生资，不加学力，气质究难化也；慎大德，
不矜细行①，形迹终可疑也。

【注释】

① 不矜细行：不拘小节。矜，慎重，谨守。

【译文】

有好的天分，但后天不努力，气质也很难得到培养；在
大的德行上谨慎，而在细节上不注意，这样的表现终究不值
得信任。

八九

世风之狡诈多端，到底忠厚人颠扑不破①；
末俗以繁华相尚，终觉冷淡处趣味弥②长。

【注释】

① 颠扑不破：倾跌敲打都不能破损。比喻道理完全正确，
不能推翻。

② 弥：更。

【译文】

世俗风气中各种狡诈行径很多，到最后只有忠厚的人才
能立得住脚；近世的习俗越来越以奢侈浮华为时尚，但最后
还是觉得平淡宁静的日子才更耐人寻味。

九十

能结交直道^①朋友，其人必有令名^②；肯亲近耆德老成^③，其家必多善事。

【注释】

① 直道：指行事正直。

② 令名：好名声。

③ 耆（qí）德老成：指德高望重的长者。耆，旧指六十岁以上的人，泛指老年人。

【译文】

能结交行事正直的朋友，这样的人一定会有好名声；愿意亲近德高望重的长者，这样的人家一定多有善事发生。

九一

为乡邻解纷争，使得和好如初，即化^①人之事也；为世俗谈因果，使知报应不爽^②，亦劝善之方也。

【注释】

① 化：感化，教化。

② 爽：差错。

【译文】

替乡邻调解纠纷争执，让他们和好如初，这是在做教化他人的好事;跟世俗之人谈论因果报应,是为了让他们知道"善有善报恶有恶报"的道理,这也是劝人做善事的方式。

九二

发达虽命定,亦由肯做功夫;福寿虽天生,还是多积阴德①。

【注释】

① 阴德:旧指暗中做有德于人的事。

【译文】

一个人的飞黄腾达看似命中注定,却也因为他肯努力;一个人的福分寿命看似生有定数,但也因为他多做善事而积了阴德。

九三

常存仁孝心,则天下凡不可为者皆不忍为,所以孝居百行之先;一起邪淫念,则生平极不欲为者皆不难为,所以淫是万恶之首。

【译文】

常有仁义孝顺的心,那么天下所有不正当的事都不忍心去做,因此说孝顺是一切好品行中首先应该具备的;人一旦有了淫邪的念头,那么平常人不愿意做的事他也不难做出来,所以说淫乱之心是一切恶行的发端。

九四

自奉^①必减几分方好，处世能退一步为高。

【注释】

① 自奉：待自己。

【译文】

自己在物质享受方面要俭省几分才好，为人处世能退让一步才算明智。

九五

守分安贫，何等清闲，而好事者偏自寻烦恼；
持盈保泰^①，总须忍让，而恃强者乃自取灭亡。

【注释】

① 持盈保泰：事业极盛时不自满，反能谦谨保持。

【译文】

安分守己，安贫乐道，这是多么清闲的享受，可一些好事者偏偏自找烦恼；事业兴盛时应保持平和，做到容忍谦让，而那些自恃强大的人则总是自取灭亡。

九六

人生境遇无常，须自谋吃饭之本领；人生光

阴易逝，要早定成器①之日期。

【注释】

① 成器：指人有所成就。

【译文】

人生不会一帆风顺，总是起伏无常，无论身处怎样的境遇，学得一技之长自可谋生；人生短促，光阴易逝，要尽早确定志向与目标并有所规划和行动。

九七

川①学海而至海，故谋道者不可有止心；莠②非苗而似苗，故穷③理者不可无真见。

【注释】

① 川：即河流。

② 莠（yǒu）：即狗尾草，形似谷子，易被看成禾苗。常用来比喻品质坏的人。

③ 穷：探究。

【译文】

河流学习海的兼容并蓄，最终汇流入海，所以一个追求真理的人也不该有停滞不前的心；莠不是禾苗却长得极似禾苗，所以探究事理的人不能没有真知灼见，否则极易被蒙骗。

九八

守身必谨严，凡足以戕吾身者宜戒之；养心须淡泊，凡足以累吾心者勿为也。

【译文】

保持节操，必谨慎严格，凡是有损自身名节的行为都应一一戒除与避免；修养身心，必淡泊名利，凡是使人内心疲惫的事都不要去做。

九九

人之足传①，在有德，不在有位；世所相信，在能行，不在能言。

【注释】

① 足传：值得称赞传颂。

【译文】

一个人值得被传颂称赞，在于他有高尚的品格，而不在于他有多高的地位；一个人能够被众人信服，在于他能务实干事，而不在于夸夸其谈。

一〇〇

与其使乡党有誉言①，不如令乡党无怨言；

与其为子孙谋产业，不如教子孙习恒业。

【注释】

① 誉言：赞誉之词。

【译文】

与其想方设法让乡邻夸赞自己，不如做到让乡邻对自己毫无抱怨；与其为子孙谋取财富，不如让他们学习能受用一生的本事。

——○——

多记先正①格言，胸中方有主宰②；闲看他人行事，眼前即是规箴③。

【注释】

① 先正：指前代圣贤。

② 主宰：此处指主见。

③ 规箴：规劝，告诫。规，画圆形的工具。箴，一种规劝告诫性质的文体。

【译文】

多多记取先圣先贤的警世格言，心中便会有正确的主见；无事时多观察他人做人做事的得失，便可成为自己处世的借鉴。

一○二

陶侃运甓官斋[①]，其精勤可企而及也；谢安围棋别墅[②]，其镇定非学而能也。

【注释】

① 陶侃运甓官斋：陶侃（259—334），东晋庐江浔阳人。为人明断果决，任广州刺史时，常运砖修炼意志。甓（pì），这里泛指砖。

② 谢安围棋别墅：谢安（320—385），东晋政治家，陈郡阳夏人。淝水之役胜利的消息传来，他淡定如常，仍从容不迫地下棋。

【译文】

陶侃在官邸内来回搬砖，其实是为了磨炼自己的意志，这种精勤的态度，我们经过努力是可以达到的；谢安在别墅里跟人下围棋，即使是听到淝水之战大捷的消息也还是淡定如初，这种镇定自若的涵养，还真不是一般人想学就能学来的。

一○三

但患我不肯济人[①]，休患我不能济人；须使人不忍欺我，勿使人不敢欺我。

【注释】

① 济人：帮助别人。

只应担心自己不肯出手相助，而不必担心自己没有能力助人；应使人不忍心欺侮自己，而不是让人因畏惧而不敢欺。

一〇四

何谓享福之人，能读书者便是；何谓创家^①之人，能教子者便是。

【注释】

① 创家：创立家业。

【译文】

什么人称得上会享福的人？能读书且从中受益并得到乐趣的人；什么人称得上创家立业的人？能教育出好子孙的人。

一〇五

子弟天性未漓^①，教易行也，则体孔子之言以劳之，勿溺爱以长其自肆^②之心。子弟习气已坏，教难行也，则守孟子之言以养之，勿轻弃以绝其自新之路。

【注释】

① 漓：浅薄。

② 自肆：放纵自己。

【译文】

当孩子的天性还没有受社会不良风气影响而变得浅薄时，教育起来比较容易，那么就应该按照孔子所教导的那样，培养他们勤劳的品德，不要因溺爱而助长他们放纵自己不受约束的心性。

当孩子已经受了社会不良习气影响而品行不端时，教育起来就比较难了，这时就应该按照孟子所教导的那样身教言传，使他们归于中道，自觉改正。不要轻易放弃对他们的教育，从而断绝了他们改过自新的机会。

一〇六

忠实而无才尚可立功，心志专一也；忠实而无识必至偾事①，意见多偏②也。

【注释】

① 偾（fèn）事：坏事。

② 偏：偏狭。

【译文】

忠厚老实而又没什么才能的人尚能建功立业，因为他做事专心一意；忠厚老实但没什么见识的人一定会坏事，因为他的想法都是狭隘的。

一〇七

人虽无艰难之时，却不可忘艰难之境；世虽有侥幸之事，断不可存侥幸之心。

【译文】

一个人虽然没有经历过艰难困苦，但不要忘记还有艰难的逆境存在着；世上虽然有意外获得的成功，但做事断然不可存着侥幸心。

一〇八

心静则明，水止乃能照物；品超斯远①，云飞而不碍空。

【注释】

① 品超斯远：品行高洁，似能远离俗世。

【译文】

内心澄静就自然明澈，如同平静的水面能映照事物一般；品行高洁就自然脱俗，如同流云飘过而无碍于天空。

一〇九

清贫乃读书人顺境，节俭即种田人丰年。

【译文】

　　清贫的生活，对读书人来说，就是最顺遂的境遇；节俭的日子，对种田人来说，就是丰收的年景。

——○

　　正而过则迁①，直而过则拙，故迁拙之人犹不失为正直；高或入于虚，华或入于浮，而虚浮之士究难指为高华。

【注释】

　　①迁：这里指迂腐，不通世故。

【译文】

　　过于公正会显得迂腐不通世故，过分直率会显得有点笨拙，所以迂腐笨拙的人尚不失为正直的人；目标过高往往变成空想，太过奢华有时就会变得虚浮，而空想虚浮的人，终究难以被认为是真正高明和有真才实学的人。

———

　　人知佛老为异端①，不知凡背乎经常者，皆异端也；人知杨墨②为邪说，不知凡涉于虚诞者，皆邪说也。

【注释】

　　①佛老：佛教和老子的学说。异端：古代儒家称其他持

不同见解的学派为异端。

②杨墨：以杨朱和墨翟为代表的墨家学说。

【译文】

　　人们都知道佛家和道家的思想是不同于儒家正统的，却不知道只要是与经典和常理不符的都算不上正统思想；人们都知道杨朱和墨子的学说是邪说，却不知道只要是宣扬虚妄荒诞思想的都是邪说。

一一二

　　图功未晚①，亡羊尚可补牢②；浮慕③无成，羡鱼何如结网④。

【注释】

　　①未晚：什么时候也不晚。

　　②亡羊尚可补牢：语出《战国策·楚四》："臣闻鄙语曰：'见兔而顾犬，未为晚也；亡羊而补牢，未为迟也。'"

　　③浮慕：凭空羡慕而不努力。

　　④羡鱼何如结网：语出《汉书·董仲舒传》："古人有言曰：'临渊羡鱼，不如退而结网。'"比喻只空想而没有实际行动，还不如脚踏实地去做，才有成功的机会。

【译文】

　　要谋求功业，什么时候开始都不晚，就算羊跑了再补圈也还来得及；羡慕别人，却只是心存幻想而不行动，只能一事无成，与其站在水边羡鱼空想，还不如赶快回家织补渔网。

一一三

道本足于身，切实求来，则常若不足矣；境难足于心，尽行①放下，则未有不足矣。

【注释】

① 尽行：完全地。

【译文】

真理原本存于我们的本性之中，若是不断追求，必然会时常感到不足；外在的事物很难满足心中的欲望，若能完全放下，也就没什么不知足。

一一四

读书不下苦功，妄想显荣，岂有此理？为人全无好处，欲邀福庆，从何得来？

【译文】

读书不愿意下苦功夫，却妄想人前显贵，怎么可能有这样的道理呢？为人没有一点好口碑，却想得到福分和吉祥，敢问从哪里得来呢？

一一五

才觉己有不是，便决意改图①，此立志为君

子也；明知人议其非，偏肆行无忌，此甘心做小
人也。

【注释】

①改图：改变计划。

【译文】

刚发觉自己有不对的地方，就立刻下决心改正，这是立志要做正人君子的行为；明明知道有人指出了自己的过失，还要肆无忌惮为所欲为，这是自甘堕落去做小人。

一一六

淡中交耐久，静里寿延长。

【译文】

在平淡中相交的朋友，往往能维持长久；在平静中安稳地生活，往往能延年益寿。

一一七

凡遇事物突来，必熟思审处，恐贻后悔；不幸家庭衅起，须忍让曲全，勿失旧欢。

【注释】

①衅起：指产生纠纷。

对天。

【译文】

没有经历过挨饿受冻，便是上天不曾亏待我；学问上没有什么长进，我又有什么颜面去面对苍天。

一二〇

不与人争得失，惟求己有知能①。

【注释】

① 知能：智慧和才能。

【译文】

不和他人争得失短长，只求自己能增进见识与才干。

一二一

为人循矩度①，而不见精神，则登场之傀儡也；做事守章程，而不知权变②，则依样之葫芦③也。

【注释】

① 矩度：指规矩。

② 权变：权衡变通。

③ 依样之葫芦：喻指机械模仿。

【译文】

如果做事只知道循规蹈矩而不明白精神实质之所在，就如同戏台上的傀儡；如果做事只知道因循守旧而不懂得权衡变通之法门，就相当于依样画葫芦。

一二二

文章是山水化境①，富贵乃烟云幻形。

【注释】

①化境：指变化的景致达到极其精妙的境界。

【译文】

锦绣文章好似已臻化境的山水景象，荣华富贵如同幻化不实的过眼烟云。

一二三

郭林宗为人伦之鉴①，多在细微处留心；王彦方②化乡里之风，是从德义中立脚。

【注释】

①郭林宗为人伦之鉴：郭林宗（128—169），名泰，东汉太原介休人，好品评人物而不危言骇论，故党锢之祸得免。语出《后汉书》卷六八《郭泰传》："林宗虽善人伦，不为危言覈论。"

②王彦方：名烈，东汉人。以德行感化乡里，化解乡邻

争讼。

【译文】

　　郭林宗对伦理的洞察往往在人们不容易注意的细微处留心；王彦方对乡里风气的感化总是从道德和正义中立脚。

一二四

　　天下无憨人，岂可妄行欺诈；世上皆苦人，何能独享安闲。

【译文】

　　天下没有真傻子，怎么可以去欺侮诈骗他人？世上大都苦命人，又怎么能独自享受安闲？

一二五

　　甘受人欺，定非懦弱；自谓予智，终是糊涂。

【译文】

　　甘受他人欺侮的人，一定不是软弱无能之辈；自认为聪明的人，终究不过是个糊涂人。

一二六

　　漫夸①富贵显荣，功德文章要可传诸后世；任教声名煊赫②，人品心术不能瞒过史官③。

【注释】

① 漫夸：吹嘘，随意夸大。

② 煊赫：即显赫。

③ 史官：主管文书、典籍之官。

【译文】

不要吹嘘夸耀荣华富贵，而应有可流传后世的功业或文章；不管一个人的声名有多显赫，他的品格和心性是无法瞒过秉笔直书的史官，逃过历史的公正评判的。

一二七

神传于目，而目则有胞①，闭之可以养神也；祸出于口，而口则有唇，阖②之可以防祸也。

【注释】

① 胞：上下眼皮。

② 阖：闭。

【译文】

人的神情通过眼睛来传达，而眼睛有上下眼皮，闭上眼皮可以养神；人的灾祸往往是言语不慎酿下的，而嘴有上下唇，闭上嘴自可避祸。

一二八

富家惯习骄奢，最难教子；寒士欲谋生活，还是读书。

【译文】

有钱人家习惯了奢侈排场，教导子弟倒成了难事；清贫人家为谋生计，还是要靠读书博功名以求出路。

一二九

人犯一"苟"①字，便不能振；人犯一"俗"字，便不可医。

【注释】

① 苟：指"苟安随意"，即得过且过。

【译文】

人要是犯了一个"苟"字，得过且过，就不能振奋起来；人要是犯了一个"俗"字，庸俗猥琐，也就不可救药了。

一三〇

有不可及之志，必有不可及之功；有不忍言之心，必有不忍言之祸。

【译文】

拥有一般人难以达到的志向，必会成就一般人难以达成的功业；发现错误而不忍心指正，必会招致因不忍心指正而造成的大祸。

一三一

事当难处①之时，只让退一步，便容易处矣；功到将成之候，若放松一着，便不能成矣。

【注释】

① 难处：难以处置。

【译文】

事情到了难以处置的地步，只要能退让一步，便容易解决了；事业马上就要成功的时候，若稍有一刻放松，便会功败垂成。

一三二

无财非贫，无学乃为贫；无位非贱，无耻乃为贱；无年非夭①，无述②乃为夭；无子非孤③，无德乃为孤。

【注释】

① 夭：指短命，中途夭折。
② 无述：没有值得记叙的。

③孤：幼年丧父。此指孤独、孤立的人。

【译文】

没有财富并不算贫穷，没有真学问才是真贫穷；没有地位不能算卑贱，没有廉耻心才是真卑贱；寿命不长算不上短命，一生中没有一件值得记叙的事才算真短命；没有子女不能算孤独的人，没有品德相伴才是真孤独。

一三三

知过能改，便是圣人之徒；恶恶①太严，终为君子之病。

【注释】

①恶（wù）恶（è）：前"恶"为动词，指憎恨。后"恶"为名词，指恶人坏事。

【译文】

知道自己错了便加以改正，就是圣人的忠实弟子；因憎恨恶人坏事过甚而言行激烈，终究会成为君子的过失。

一三四

士必以诗书为性命，人须从孝悌立根基。

【译文】

读书人一定要把圣贤诗书看作安身立命的根本，为人处世要以恪守孝悌为人生的根基。

一三五

德泽^①太薄，家有好事，未必是好事。得意者何可自矜？天道最公，人能苦心，断不负苦心，为善者须当自信。

【注释】

① 德泽：德化和恩泽。

【译文】

德化和恩泽太薄，即使家中有好事，也不一定是真正的好事。因此，自以为得意的人有什么可值得炫耀自夸的呢？天道最公正，世人若能刻苦用心，上天就一定不会让这片苦心白白付出，所以做善事的人一定要充满自信。

一三六

把自己太看高了，便不能长进；把自己太看低了，便不能振兴。

【译文】

把自己看得太高，就很难有长进了；把自己看得太低，便失去了振兴的信心。

一三七

　　古今有为之士，皆不轻为之士；乡党好事之
人，必非晓事之人。

【译文】

　　从古至今，凡有作为的人士，都不是轻率行事的人；在
乡邻间多生是非的人，一定不是明辨事理的人。

一三八

　　偶缘①为善受累，遂无意为善，是因噎废
食②也；明识有过当规③，却讳言有过，是讳
疾忌医④也。

【注释】

　　①缘：因为，由于。

　　②因噎废食：语出《吕氏春秋·荡兵》："夫有以噎死者，
欲禁天下之食，悖。"喻指因偶然的挫折就停止应做的事。

　　③规：纠偏。

　　④讳疾忌医：语出《周子通书·过》："今人有过，不喜人规，
如讳疾而忌医，宁灭其身而无悟也。"

【译文】

　　因为做善事偶受牵连，就打算放弃做善事，这就好比因
被食物卡了喉咙而从此不再进食一般；明明知道自己有了过

错应该纠正，却偏偏忌讳别人指责自己，这就如同生病的人怕被人知道自己有病而不肯去看医生一样。

一三九

宾入幕中①，皆沥胆披肝②之士；客登座上③，无焦头烂额④之人。

【注释】

①宾入幕中：本指旧时进入幕府参与议事的人，此处指极其亲近可以信任的人。

②沥胆披肝：喻指竭尽忠诚。

③客登座上：指座上宾。

④焦头烂额：语出《汉书·霍光传》："曲突徙薪亡恩泽，焦头烂额为上客也。"比喻处境十分狼狈窘迫。

【译文】

凡能被邀请商议要事，可以亲近信任的人，都是竭尽忠诚的人；凡能被引为座上宾的人，必不是言行有缺失的人。

一四〇

地无余利，人无余力，是种田两句要言；心不外弛，气不外浮，是读书两句真诀。

【译文】

地力要充分开发利用，人力要充分施展发挥，这是种田人要谨记的两句要言；心力要专一而不旁骛，气力要集中而不分散，这是读书人要谨记的两句诀窍。

一四一

成就人才，即是栽培子弟；暴殄①天物，自应折磨儿孙。

【注释】

① 殄：灭绝。

【译文】

所谓造就人才，说到底就是指在自己子孙后代本有的心智才能基础上培养教育，使他们将来有所成就；所谓暴殄天物，就是指对子孙本有的心智才能不知爱惜且肆意损毁，这自然会荒废磨灭他们的才智。

一四二

和气迎人，平情①应物；抗心希古②，藏器待时③。

【注释】

① 平情：指平常心。

② 抗心希古：指以古代圣贤的高尚心志勉励和期许自己。抗，通"亢"，高亢。

③ 藏器待时：比喻学好本领，等待施展的时机。器，本指器物，引申为才能。

【译文】

　　和气待人，平常心处事。心高处，当以古代圣贤自我期许；怀才时，当知韬光养晦等待时机。

一四三

　　矮板凳，且坐着；好光阴，莫错过。

【译文】

　　要学业有成，就要耐得住寂寞，把这矮板凳坐下去。要功课日进，就不要辜负了好时光，光阴易流逝，千万不要虚度。

一四四

　　天地生人，都有一个良心，苟丧此良心，则其去①禽兽不远矣；圣贤教人，总是一条正路，若舍此正路，则常行荆棘②之中矣。

【注释】

　　① 去：距离。

　　② 荆棘：本指丛生有刺的灌木，喻指困境。

【译文】

　　人生于天地间，都应有一颗良善之心，如果丧失了这良善之心，就离禽兽不远了；古代的圣贤在教导众人时，总是指引其走一条正道，如果舍弃这正道，就会终日在困境中艰难跋涉。

一四五

　　世之言乐者，但曰读书乐、田家乐，可知务本业^①者，其境常安；古之言忧者，必曰天下忧、廊庙^②忧，可知当大任者，其心良苦。

【注释】

　　① 务本业：指一心一意地经营本职。

　　② 廊庙：即庙堂，指朝廷。

【译文】

　　世人谈起快乐的事，只会说到读书的快乐和寄情于田园的快乐，由此可见，一心一意致力于本职工作的人，他们的生活往往安宁；古代圣贤提起忧心的事，必会说到天下百姓之忧和朝廷大事之忧，由此可见，肩负重任的人，无不是用心良苦的仁者。

一四六

　　天虽好生^①，亦难救求死之人；人能造福，即可邀悔祸之天。

【注释】

　　① 好生：好生之德，即乐见生而不乐见死。

【译文】

　　上天虽然有好生之德，却也难以拯救一心求死的人；

人若能为自己和世人造福，就是蒙老天庇佑的避祸免灾的大功德。

一四七

薄①族者，必无好儿孙；薄师者，必无佳子弟。君所见亦多矣。恃力者，忽逢真敌手；恃势者，忽逢大对头。人所料不及也。

【注释】

① 薄：刻薄寡恩。

【译文】

对待亲族刻薄寡恩的人，一定培养不出好儿孙；对待师长刻薄寡恩的人，一定教育不出好后代。这样的情形已见得很多了。

凭借蛮力欺人的人，也可能突然就遇到可以与之抗衡的对手；倚仗权势欺人的人，也可能突然就遇到势力更大的对头。这些可都是难以预料的。

一四八

为学不外"静""敬"二字，教人先去"骄""惰"二字。

【译文】

求学问不外乎"静"与"敬"，而教他人则要先戒除"骄"

与"惰"。

一四九

人得一知己，须对知己而无惭；士既多读书，
必求读书而有用。

【译文】

人生得一知己不容易，务必使自己的言行在知己面前毫
无愧疚之处；读书人既然多读了不少书，就应该努力做到经
世致用。

一五〇

以直道教人，人即不从，而自反①无愧，切
勿曲以求荣②也；以诚心待人，人或不谅③，而历
久自明，不必急于求白④也。

【注释】

① 自反：反躬自省。

② 曲以求荣：为博别人高兴而迁就。

③ 谅：谅解。

④ 求白：告白。

【译文】

用正直的道理劝教他人，即使他人不听从，至少在反躬
自省时无愧于心，千万不能为了迎合他人而去迁就；以诚恳

的心意待人，或许他人一时不肯接受，但要知道日久见人心，没必要急于告白。

一五一

粗粝①能甘，必是有为之士；纷华②不染，方称杰出之人。

【注释】

①粗粝：即糙米，此处泛指粗劣的食物，形容艰苦的生活。

②纷华：繁华盛丽。

【译文】

能将粗劣食物当作美食，这样的人必定是大有作为的人；能身处繁华盛丽之所而洁身自重，这样的人方称得上杰出之士。

一五二

性情执拗①之人，不可与谋事也；机趣流通②之士，始可与言文也。

【注释】

①执拗：固执且不通情理。

②机趣流通：机敏风趣且活络，善变通。

【译文】

性格固执又不通情理的人，是没办法跟他谋划事情的；天性机敏活泼有情趣的人，才可以跟他交流治文之道。

一五三

不必于世事件件皆能，惟求与古人心心相印。

【译文】

不必对世事桩桩件件都知晓掌握，只要能与古代圣贤的思想智慧相通就好。

一五四

夙夜^①所为，得无抱惭于衾影^②；光阴已逝，尚期收效于桑榆^③。

【注释】

①夙夜：朝夕。

②无抱惭于衾影：即"衾影无惭"，比喻问心无愧。语出南朝齐刘昼《新论·慎独》："故身恒居善，则内无忧虑，外无畏惧，独立不惭影，独寝不愧衾。"

③桑榆：喻指日暮，此处喻指人到老年。

【译文】

每一天的朝夕之间，所作所为都要问心无愧；即使光阴流逝，还是要坚守这一信条，以期老年时可以做到。

一五五

念祖考^①创家基,不知栉风沐雨^②,受多少苦辛,才能足食足衣,以贻后世;为子孙计长久,除却读书耕田,恐别无生活,总期克勤克俭,毋负先人。

【注释】

① 祖考:指先祖。

② 栉(zhì)风沐雨:借风梳发,以雨洗头。比喻不避风雨,奔波辛劳。语出《庄子·天下》:"腓无胈,胫无毛,沐甚雨,栉疾风。"

【译文】

追忆先祖创立基业,不知道经历过多少风雨,承受了多少困厄艰辛,这才留给后代子孙一份丰衣足食的家产;而为子孙后代谋划更长久的发展,除了读书和种田,只恐再没有别的生计,总期望他们能勤俭持家,莫要辜负了祖先的一片苦心。

一五六

但作里^①中不可缺少之人,便为于世有济;必使身后有可传之事,方为此生不虚。

【注释】

① 里:乡里。

只要能在邻里中成为一个不可或缺的人，就是对社会有所贡献；一定要做到死后还有被人广为传颂的事迹，才算没有虚度此生。

一五七

齐家先修身，言行不可不慎；读书在明理，识见不可不高。

【译文】

治家先要做好自我修养功夫，所以在言行上不可以不谨慎；读书以明晓事理为要务，所以认识和见解不可以不高远。

一五八

桃实之肉暴于外，不自吝惜，人得取而食之；食之而种其核，犹饶生气焉，此可见积善者有余庆①也。栗实之肉秘于内，深自防护，人乃破而食之；食之而弃其壳，绝无生理矣，此可知多藏者必厚亡②也。

【注释】

① 余庆：指余泽可及后人。

② 多藏者必厚亡：即"多藏厚亡"，语出《老子》第四十四章，"是故甚爱必大费，多藏必厚亡"，意思是藏多而

不济人，往往招致更大损失。

【译文】

桃子的果肉露在外面，自己毫不吝惜，所有人都可以摘取食用；吃完将那果核埋进土中，还会生机勃勃地长出新芽。由此可见，多做善事的人必有余泽留给后代。

栗子的果实深藏壳内，虽然自我保护得很严实，但人们仍然可以破开坚硬的果壳食用它；吃完将那果壳随手丢弃，绝无生根发芽的可能了。由此可知，只知积累贮藏而不愿付出的人，必将自取灭亡。

一五九

求备①之心，可用之以修身，不可用之以接物；知足之心，可用之以处境，不可用之以读书。

【注释】

①求备：指求全责备。

【译文】

求全责备的心态，可用于自我的修身养性上，不可用于待人接物上；知足常乐的心态，可用于各种处境的适应上，不可用于读书求知上。

一六〇

有守虽无所展布①，而其节不挠，故与有猷②有为而并重；立言即未经起行，而于人有益，故与立功立德而并传。

【注释】

① 展布：本指陈述，此处指发展。

② 猷（yóu）：计划，谋划。

【译文】

有道德操守的人，虽然在立功和立言上没有什么建树，但因他守节不屈，故而和有谋划、有作为的人一样被看重；为传播思想而立言的人，即使没有付诸行动，但因他的学说对世人大有裨益，故而可以和立功者与立德者并列，一样都值得传颂。

一六一

遇老成人^①，便肯殷殷^②求教，则向善必笃^③也；听切实话，觉得津津有味，则进德可期也。

【注释】

① 老成人：指有德的长者。

② 殷殷：热心诚恳的样子。

③ 笃：诚笃，纯一。《论语·泰伯》："君子笃于亲，则民兴于仁。"

【译文】

一遇到有德的长者，就愿意诚恳求教，说明此人的求善之心必是十分诚笃的；一听到实在话，便觉得津津有味，说明此人品德修养的长进是可以想见的。

一六二

有真性情，须有真涵养；有大识见，乃有大文章。

【译文】

要具备至真至善的性情，必须有真正的涵养；有了高远的见识，才能写就锦绣文章。

一六三

为善之端无尽，只讲一"让"字，便人人可行；立身之道何穷，只得一"敬"字，便事事皆整。

【译文】

做善事的发端有很多种，只要能做到一个"让"字，那么人人都可积德行善；立身处世的办法也不少，只要做到一个"敬"字，那么所有事情都可妥帖完备。

一六四

自己所行之是非，尚不能知，安①望知人；古人以往之得失，且不必论，但须论己。

① 安：哪里。

【译文】

对自己所作所为的对错都不能判别，又怎么能指望了解别人的对错呢？对古人的得失暂且不去评判，只要能对自己的行为做出正确的判断就好。

一六五

治术①必本儒术者，念念②皆仁厚也；今人不及古人者，事事皆虚浮也。

【注释】

① 治术：致治之术，指治理国家的办法。

② 念念：每个意念。

【译文】

治国之术务必以儒家学说为根本，因为儒家思想处处体现了仁厚；如今的人之所以比不上古人，原因在于今人做事都务虚而又浮躁。

一六六

莫大之祸，起于须臾①之不忍，不可不谨。

【注释】

①须臾：片刻，瞬间。

【译文】

天大的祸事，无不发端于瞬间的不能忍耐，因此做事不可不谨慎隐忍。

一六七

家之长幼，皆倚赖于我，我亦尝体其情否也？士之衣食，皆取资于人，人亦曾受其益否也？

【译文】

家中老小的生活都依靠着我，我是否能设身处地去体会他们的心情与需求呢？读书人的吃穿耗费完全取自劳苦大众的供养，而他们又从读书人那里得到了什么益处呢？

一六八

富不肯读书，贵不肯积德，错过可惜也；少不肯事长，愚不肯亲贤，不祥莫大焉。

【译文】

富有时不肯读书学习，显贵时不肯积德行善，错过了这些，实在很可惜；年少时不肯敬奉长辈，蒙昧时不肯亲近贤能，如此下去，一定非常不祥。

一六九

自虞廷^①立五伦为教，然后天下有大经^②；自紫阳^③集四子成书^④，然后天下有正学。

【注释】

① 虞廷：虞舜之世。

② 大经：大道常理。

③ 紫阳：北宋理学大家朱熹，世人称其为紫阳先生。

④ 四子成书：朱熹对《论语》《孟子》《大学》《中庸》做集注，合称四书。

【译文】

虞舜在位时创立了五伦，从此天下才确立了人伦大道；自从朱熹集注了《论语》《孟子》《大学》《中庸》为四书，从此天下才有了被奉为圭臬的中正之学。

一七〇

意趣清高，利禄不能动也；志量^①远大，富贵不能淫也。

【注释】

① 志量：志向与气量，指一个人的胸怀。

【译文】

志趣高雅清正的人，是不会被钱财和官位所动摇的；胸怀远大的人，是不会被荣华富贵迷惑心智的。

一七一

最不幸者，为势家女作翁姑①；最难处者，为富家儿作师友。

【注释】

① 翁姑：公婆。

【译文】

最不幸的事，是做了出身于有钱有势人家的女儿的公婆；最难处置的人际关系，是做了富家子弟的老师或者朋友。

一七二

钱能福人①，亦能祸人，有钱者不可不知；药能生人②，亦能杀人，用药者不可不慎。

【注释】

① 福人：使人得福。

② 生人：使人活命。

【译文】

钱财不仅能使人得福，也能给人带来祸殃，有钱人不可不知；药材既能救人，也能害人，用药的人必须谨慎。

一七三

凡事勿徒①委于人，必身体力行，方能有济②；凡事不可执于己③，必广思集益，乃罔④后艰。

【注释】

① 徒：仅仅，只。

② 济：成功。

③ 执于己：即"固执己见"的意思。

④ 罔：本义为没有，此处指避免。

【译文】

不要什么事都委托给别人，而应当身体力行，这样才能最后获得成功；不要什么事都固执己见，一定要集思广益，才能避免之后的各种艰难。

一七四

耕读固是良谋①，必工课无荒，乃能成其业；仕宦虽称显贵，若官箴有玷②，亦未见其荣。

【注释】

① 良谋：此处指好的出路。

② 官箴（ zhēn ）有玷：即"有辱官箴"的意思，指为官失职。

【译文】

耕作与读书固然是好出路，但务必勤奋不可荒废，这才能成就事业；入仕为官虽然称得上显贵，但如果失职枉法，那就不是什么荣耀的事了。

一七五

　　儒者多文为富，其文非时文^①也；君子疾名不称^②，其名非科名也。

【注释】

　　① 时文：此处指科举应试的八股文章。

　　② 疾名不称：担心名声不被传颂。

【译文】

　　读书人当以文章写得多为富有，但这些文章绝非应付科举考试的八股文；君子担心的是自己的名声不被称道，但这名声绝非科举登第之名。

一七六

　　"博学笃志，切问近思"^①，此八字是收放心的功夫；"神闲气静，智深勇沉"，此八字是干大事的本领。

【注释】

　　① 博学笃志，切问近思：广泛求学，坚定志向，极力求教，仔细思考。语出《论语·子张》："博学而笃志，切问而近思，仁在其中矣。"

　　广泛涉猎，意志坚定，诚恳求教，用心思考，这是收敛散漫之心专心治学应有的功夫；从容淡定，心平气和，深思熟虑，勇毅果敢，这是干大事应具备的本领。

<h1 style="text-align:center">一七七</h1>

　　何者为益友？凡事肯规我之过者是也；何者为小人？凡事必徇^①己之私者是也。

【注释】

　　① 徇：依从，曲从。

【译文】

　　什么样的人是益友呢？愿意对我的任何过失加以劝诫的就是；什么样的人是小人呢？做任何事只考虑个人私利而一味徇私的就是。

<h1 style="text-align:center">一七八</h1>

　　待人宜宽，惟待子孙不可宽；行礼宜厚，惟行嫁娶不必厚。

【译文】

　　在待人上态度应该宽容，而对待自己的子孙却不可以宽容；礼尚往来要周到而厚重，而婚嫁操办则不必太过铺张。

一七九

事但观其已然，便可知其未然；人必尽其当然，乃可听其自然。

【译文】

只需看事情已经怎么样了，便可以推知未来可能的情形；一个人努力地尽了他的本分，然后才可以顺其自然。

一八〇

观规模之大小，可以知事业之高卑；察德泽之浅深，可以知门祚①之久暂。

【注释】

① 门祚（zuò）：指家运。

【译文】

只看规制法式的大小，就能知晓这事业是宏伟还是浅陋；只看德化恩泽的深浅，就能知道家运是否长远。

一八一

义之中有利，而尚义之君子，初非计及于利也；利之中有害，而趋利之小人，并不顾其为害也。

【译文】

　　道义之中也含有利益，那些真正追求道义的君子，初时根本就没想过是否有利可图；利益之中也藏有祸患，那些只是追逐利益的小人，为了利益是根本不会顾及危害的。

一八二

　　小心谨慎者，必善其后[①]，畅则无咎[②]也；
高自位置者，难保其终，亢[③]则有悔也。

【注释】

　　①必善其后：此处指必能善始善终。善后，本指事前考虑周密，后可以无患，后指事故发生后妥善加以安排处理。
　　②咎：过失，罪过。
　　③亢：很高。

【译文】

　　小心谨慎的人，做事一定能善始善终，而且顺畅无阻，不会犯错；身居高位的人，要确保地位的长久是很难的，要以骄傲自大为戒，否则必有后悔的一天。

一八三

　　耕所以养生，读所以明道，此耕读之本原也，而后世乃假[①]以谋富贵矣；衣取其蔽体，食取其充饥，此衣食之实用也，而时人乃藉以逞豪奢矣。

【注释】

① 假：凭，借。

【译文】

耕作的目的是为了养生，读书的目的是为了明理，这是耕种和读书的本意，然而后世之人却藉此来谋求富贵；衣服本是用来蔽体的，食物本是用来充饥的，这是衣食的实际用途，然而现在的人却藉此来炫耀豪华与奢侈。

一八四

人皆欲贵也，请问一官到手，怎样施行？人皆欲富也，且问万贯缠身，如何布置？

【译文】

每个人都渴望显贵，请问一旦得了一官半职，又打算怎么去施行政务呢？每个人都希望富足，请问一旦拥有了万贯家业，又打算怎么用这些钱财呢？

一八五

文、行、忠、信①，孔子立教之目也，今惟教以文而已；志道、据德、依仁、游艺②，孔门为学之序也，今但学其艺而已。

① 文、行、忠、信：孔子创学主要的施教科目。文，即诗书礼乐等典籍。

② 志道、据德、依仁、游艺：孔门为学的次序。语出《论语·述而》："志于道，据于德，依于仁，游于艺。"志道，立志于道义。据德，拥有高尚的道德。依仁，依靠仁恕的品行。游艺，指儒家的礼、乐、射、御、书、数六种技艺。

【译文】

文、行、忠、信，是孔子创建儒学并教导门生时所设立的科目，现今的儒学却只教些书本典籍了；志道、据德、依仁、游艺，是孔门子弟进学的次序，而今的孔门子弟也只学些诸如六艺这样的技艺罢了。

一八六

隐微①之衍②，即干③宪典，所以君子怀刑④也；技艺之末，无益身心，所以君子务本⑤也。

【注释】

① 隐微：隐秘细微。

② 衍：过错。

③ 干：冒犯，违逆。

④ 君子怀刑：即君子时刻不忘规范与法度，语出《论语·里仁》："子曰：'君子怀德，小人怀土；君子怀刑，小人怀惠。'"

⑤ 君子务本：即君子要专心致力于本业。语出《论语·学而》："君子务本，本立而道生。"

【译文】

人们往往会因为一个隐秘细微的过错而触犯了法度，故而君子要时刻不忘礼仪规范和律法；技艺其实是末流学问，对身心并无多大益处，故而君子应把主要精力放在本业上。

一八七

士既知学，还恐学而无恒[①]；人不患贫，只要贫而有志。

【注释】

① 无恒：指没恒心。

【译文】

读书人既然知道学问的重要，就应知道做学问时最怕没有恒心的；人不怕贫穷，只要有志气，就能做出一番事业。

一八八

用功于内者，必于外无所求；饰美于外者，必其中无所有。

【译文】

在内在涵养方面努力用功的人，必然对外在的东西没什么苛求；图外表好看而刻意粉饰的人，必然没有什么内在的涵养。

一八九

盛衰之机^①，虽关气运，而有心者必贵诸人谋^②；性命之理^③，固极精微，而讲学者必求其实用。

【注释】

① 机：关键，枢要。

② 贵诸人谋：重视于谋划。

③ 性命之理：中国古代哲学中形而上的一种，即关于天命天理的学问。

【译文】

兴衰成败虽跟运气有关，但有心人一定会重视其中的人事谋划；有关天命天理这些形而上的学问十分奥妙，钻研此等学问，务必讲求切实有用。

一九〇

鲁^①如曾子^②，于道独得其传，可知资性不足限人也；贫如颜子，其乐不因以改，可知境遇不足困人也。

【注释】

① 鲁：愚钝，拙朴。

② 曾子（前505—前435）：名参，春秋时鲁国人，孔子

的弟子，颇得孔子真传。

【译文】

曾子那样愚钝的人都能得到孔子真传，可见天资秉性不足以限制一个人；像颜回那么穷的人都不因困顿而失去快乐，也可知遭遇和环境不足以束缚一个人。

一九一

敦厚之人，始可托大事，故安刘氏①者，必绛侯②也；谨慎之人，方能成大功，故兴汉室者，必武侯③也。

【注释】

① 刘氏：指以汉高祖刘邦为主的汉室皇族。

② 绛侯：即周勃（前？—前169），沛县人，西汉开国功臣之一，封绛侯。吕后死后，诛诸吕，迎文帝继位。

③ 武侯：即诸葛亮（181—234），字孔明，琅琊阳都人，汉末三国时期著名政治家，辅佐刘备建立蜀汉政权。

【译文】

只有忠厚诚挚的人，才可以托付大事，所以能稳定汉室天下的，是像绛侯周勃这样的人；只有谨慎做事的人，才可能创建并成就大功业，所以能使汉室复兴的，必然是孔明这样的人。

一九二

　　以汉高祖之英明，知吕后①必杀戚姬②，而不能救止，盖其祸已成也。以陶朱公③之智计，知长男必杀仲子④，而不能保全，殆⑤其罪难宥⑥乎？

【注释】

　　①吕后：前241—前180，名雉，汉高祖刘邦的原配，封皇后，汉惠帝的生母。

　　②戚姬：即戚夫人，汉高祖刘邦的宠姬，赵王如意之母。刘邦几次欲废太子而立如意，遭吕后忌恨。刘邦死后，吕后毒杀赵王如意，又将戚夫人断手足置于瓮中，称为"人彘"。

　　③陶朱公：即春秋时代的范蠡，楚国人，曾任越国大夫，助越王勾践灭吴，后深知勾践为人而弃官，至定陶，自称朱公，以经商致富，后世皆以"陶朱公"称富有。

　　④知长男必杀仲子：根据记载，范蠡次子在楚国犯事杀了人，虽然范蠡深知长子惜金爱财，有可能因此而无法保全次子性命，可还是派长子去了楚国，自己也没有提出保全之策，结果次子终未得赦免而被杀。仲子，次子。古代兄弟排行以伯、仲、叔、季为序。

　　⑤殆：也许。

　　⑥宥（yòu）：原谅。

【译文】

　　以汉高祖刘邦的英明，肯定知道自己死后吕后必会害死他的宠姬戚夫人，却无意挽救阻止，大概是因为他深知这个祸已经铸成，只能任其自然了。

以陶朱公范蠡的智谋，明知其长子非但救不了次子，反而会害了次子，却无意保全次子，也许是因为他知道次子的罪本来就不可原谅吧。

一九三

处世以忠厚人为法，传家得勤俭意便佳。

【译文】

为人处世必须以忠厚老实的人为效法对象，而传给后代的则以勤俭的美德为最佳。

一九四

紫阳①补《大学·格致》之章，恐人误入虚无，而必使之即物穷理，所以维正教也；阳明②取孟子良知之说，恐人徒事记诵，而必使之反己省心③，所以救末流④也。

【注释】

① 紫阳：即朱熹，南宋著名理学家，人称紫阳先生。

② 阳明：即王守仁（1472—1528），明代著名思想家，人称阳明先生。

③ 反己省心：即反躬自省。

④末流：本指河水的下游，后指衰乱时代的不良风习，又指遗业。

【译文】

朱熹给《大学·格致》一章补注时强调，为避免众人因悟读而入虚无之道，希望读书人要根据具体事情去探究真理，其目的在于维系儒教正统；王阳明取孟子的良知说，推行知行合一，他担心弟子们只会死记硬背而忽略思想本质，故而教导弟子们一定要反观内心，目的是为了挽救那些读死书的人。

一九五

人称我善良，则喜；称我凶恶，则怒。此可见凶恶非美名也，即当立志为善良。我见人醇谨①，则爱；见人浮躁，则恶。此可见浮躁非佳士也，何不反身为醇谨。

【注释】

①醇谨：此处指温良恭俭让。

【译文】

别人说我善良，我就很高兴；说我凶恶，我就很生气。由此可知，凶恶不是好名声，所以应立志做个善良的人。

我见人温良恭俭让就喜爱，见人举止轻浮就讨厌。由此可见，心浮气躁不是优秀的人该有的品质，何不让自己做个温良恭俭的人呢？

一九六

处事宜宽平^①，而不可有松散之弊；持身贵严厉，而不可有激切之形。

【注释】

① 宽平：平稳，不急迫。

【译文】

处理事情应该平稳，而不能太过宽松散漫；处世立身贵在严格，而不能过于激烈操切。

一九七

天有风雨，人以宫室蔽之；地有山川，人以舟车通之。是人能补天地之阙^①也，而可无为乎？人有性理，天以五常^②赋之；人有形质，地以六谷^③养之。是天地且厚人之生也，而可自薄^④乎？

【注释】

① 阙：缺失。

② 五常：指儒家要求的五种道德修养层阶，即仁、义、礼、智、信，以仁为最高。

③ 六谷：指稻、粱、菽、麦、黍、稷六种粮食的合称。

④ 薄：看轻。

天有风雨，人们于是建造房屋来遮风避雨；地有山河，人们于是制造车船以利交通往来。如此看来，人力是可以弥补天地造物的缺失的，那么做人怎么可以无所作为呢？

心存性理，于是应天理得以修养仁、义、礼、智、信这五层道德伦常。人有身形，于是享地利得以收获稻、粱、菽、麦、黍、稷这六种自然馈赠。如此看来，天地待人这般仁厚，做人又岂能自轻自贱呢？

一九八

人之生也直，人苟欲生，必全其直；贫者士之常，士不安贫，乃反其常。进食需箸，而箸亦只悉随其操纵所使，于此可悟用人之方；作书需笔，而笔不能必其字画之工，于此可悟求己之理。

【译文】

人性本是正直的，如果为了谋生，务必保全这正直的本性；读书人多贫穷，若不安于贫穷，便是违背常理。

吃饭要用筷子，而筷子完全随人的意念操控而动作，由此可知，用人之法也如使用筷子；写字要用毛笔，但毛笔本身并没有让字画工致的功能。由此可知，任何事都必须立足自身，反求诸己，才能有所成就。

一九九

家之富厚者，积田产以遗子孙，子孙未必能保，不如广积阴功①，使天眷其德，或可少延；家之贫穷者，谋奔走以给衣食，衣食未必能充，何若自谋本业，知民生在勤，定当有济。

【注释】

① 阴功：即所谓"阴德"。

【译文】

家中富有的人，积攒田产留给子孙，子孙未必能保得住，还不如多做些能积攒阴德的善事，或许可以令子孙的福分稍微久远一些。

家中贫穷的人，四处奔波，用尽办法获取衣食，而衣食未必就能充足，还不如立足本业勤加努力，要知道民生的根本就在于勤，明白此理，必有所帮助。

二〇〇

言不可尽信，必揆①诸理；事未可遽②行，必问诸心。

【注释】

① 揆（kuí）：揣测，估量。

② 遽：仓猝。

别人的话不可全信，一定要理性地判断和估量，分析其是否属实；遇到事不必仓猝去做，一定要三思而后行，先分析是否合情合理，然后再付诸行动。

二〇一

兄弟相师友，天伦之乐莫大焉；闺门^①若朝廷，家法之严可知也。

【注释】

① 闺门：指内室的门。

【译文】

兄弟间能互为师友，是世间最大的伦常之乐；家门如朝廷一般威严，可知家法严厉。

二〇二

友以成德也，人而无友，则孤陋寡闻，德不能成矣；学以愈^①愚也，人而不学，则昏昧无知，愚不能愈矣。

【注释】

① 愈：治疗。

【译文】

朋友可以帮助自己提升品德，人若没有朋友，就会孤陋寡闻，德业也不能有成；求学可以祛除愚昧，人若不学习，必定无知无识，愚昧到无药可救。

二〇三

明犯国法，罪累岂能幸逃^①？白得人财，赔偿还要加倍。

【注释】

① 幸逃：侥幸逃脱。

【译文】

对国法明知故犯，又怎能侥幸逃避制裁？平白无故地吞没他人财物，赔偿的要比得到的增加几倍。

二〇四

浪子回头^①，仍不惭为君子；贵人失足^②，便贻笑于庸人。

【注释】

① 浪子回头：浪荡子回到正途，喻指迷途知返。

② 失足：举止不庄重。比喻失败、堕落或丧失节操。语出《礼记·表记》："君子不失足与人。"

【译文】

浪荡子如能改过，仍是无愧于心的君子；高贵的人一旦入了歧途，就连庸人都会嘲笑他了。

二〇五

饮食男女①，人之大欲存焉，然人欲既胜，天理或亡。故有道之士，必使饮食有节，男女有别。

【注释】

①饮食男女：语出《礼记·礼运》："饮食男女，人之大欲存焉；死亡贫苦，人之大恶存焉。"

【译文】

食欲与情欲是人的欲望中最重要的，如果放纵它，会使道德与天理沦丧。所以有道德修养的人，一定是饮食上有所节制，知男女有别而有所克制。

二〇六

《东坡志林》①有云："人生耐贫贱易，耐富贵难；安勤苦易，安闲散难；忍疼易，忍痒难；能耐富贵、安闲散、忍痒者，必有道之士也。"余谓如此精爽之论，足以发人深省，正可于朋友聚会时，述之以助清谈。

【注释】

①《东坡志林》：北宋文学家苏轼的作品。苏轼（1037—1101），字子瞻，号东坡居士。

【译文】

苏东坡在他的《东坡志林》一书中说："人生耐住贫贱很容易，但享受得了富贵却很难；在勤苦中讨生活很容易，但在闲散中打发时间却很难；要忍住疼痛很容易，而忍住瘙痒却很难。能经得住富贵、闲散、奇痒的人，必是有道行的高人。"我以为如此精妙简洁的高论的确可以发人深省，正适于朋友聚会时交流讨论。

二〇七

余最爱《草庐日录》①有句云："淡如秋水贫中味，和若春风静后功。"读之觉矜平躁释，意味深长。

【注释】

①《草庐日录》：明代思想家吴与弼（1391—1469）的一部著作。

【译文】

我最喜爱《草庐日录》中的一句话："身处贫穷中淡泊如秋水，心情平和如煦煦春风。"读后令人感觉神清气爽，回味绵长。

二〇八

敌加于己，不得已而应之，谓之"应兵"，兵应者胜；利人土地①，谓之"贪兵"，兵贪者败。

此魏相^②论兵语也。然岂独用兵为然哉？凡人事之成败，皆当作如是观。

【注释】

① 利人土地：贪图别人的领土领地。

② 魏相（前？—前59）：西汉著名政治家。霍光死后，魏相官至丞相，封高平侯。

【译文】

敌人来犯，不得已而兵戎相见，这叫作"应兵"，不得已应战的最后必获胜利；贪图别人的领土称作"贪兵"，为此而出兵侵略的最终必败。这是魏相谈论战争时讲的。岂止是战争如此呢？大凡人和事的成功与失败，都应该是同样的道理。

二〇九

凡人世险奇之事，决不可为，或为之而幸获其利，特^①偶然耳，不可视为常然也。可以为常者，必其平淡无奇，如耕田读书之类是也。

【注释】

① 特：不过是。

【译文】

凡是人世间怪异诡谲的事千万不要去做，即使有人因为做了这些事而侥幸得到些许利益，也不过是偶然的特例，不能把它当作理所当然的常理。可以当作常理的，肯定都是些平淡无奇的平常事，例如耕田、读书一类的事情。

二一〇

忧先于事，故能无忧；事至而忧，无救于事。此唐史李绛 [1] 语也。其警人之意深矣，可书以揭诸座右 [2]。

【注释】

[1] 李绛（764—830）：字深之，唐朝人，曾历仕宪、穆、敬、文诸朝，敢言直谏，后因士兵哗变被杀于节度使任上。

[2] 揭诸座右：题写在座位右侧，用以激励和鞭策自己。

【译文】

事前考虑周全，未雨绸缪，做事时就不会出现意外和麻烦；如果事到临头才忧心忡忡，慌忙应对，结果只能是于事无补。这就是唐史上李绛所说的"忧先于事故能无忧，事至而忧无救于事"。这句话很可以警醒世人，不妨将它当作座右铭，时刻提醒自己。

二一一

尧、舜大圣，而生朱、均 [1]；瞽、鲧 [2] 至愚，而生舜、禹。揆以余庆余殃之理，似觉难凭。然尧、舜之圣，初未尝因朱、均而灭；瞽、鲧之愚，亦不能因舜、禹而掩。所以人贵自立也。

　①朱、均：分别为尧子丹朱和舜子商均。尧和舜均知道子嗣不贤，故分别禅位给舜和禹。

　②瞽（gǔ）、鲧（gǔn）：瞽即舜的父亲瞽叟，鲧即大禹的父亲。

【译文】

　尧和舜都是古代的大圣人，却生了丹朱和商均这样的不肖子；瞽和鲧都是愚昧无知的人，却生了舜和禹这样的圣人。如果仅仅以善者泽荫子孙、恶者遗祸后代的道理来说，似乎很难作为凭据。然而，尧和舜的圣名并没有因后代的不贤而有所毁损，瞽和鲧的愚昧也无法被舜和禹的贤能所掩盖。所以人最重要的是自立自强。

二一二

　程子①教人以静，朱子②教人以敬，静者心不妄动之谓也，敬者心常惺惺③之谓也。又况静能延年，敬则日强，为学之功在是，养生之道亦在是。静敬之益人大矣哉，学者可不务乎？

【注释】

　①程子：指北宋理学家程颢（1032—1085）和程颐（1033—1107）兄弟二人，世称"二程"。

　②朱子：即朱熹。

　③惺惺：此处指警醒。

【译文】

　　二程教人"心静"，朱子教人"持敬"，"静"是心不妄动之意，"敬"是心常警醒之意。另外，心不妄动能延年益寿，心常警醒能日有长进，做学问的功夫在此，养生的方法也在此。"静"和"敬"对人的益处实在太大了，打算致力于理学研究的人，怎么能不从这两点出发去下功夫呢？

二一三

　　卜筮^①以龟筮为重，故必龟从筮从乃可言吉。若二者有一不从，或二者俱不从，则宜其有凶无吉矣。乃《洪范》稽疑之篇^②，则于龟从筮逆者，仍曰作内吉。于龟筮共违于人者，仍曰用静吉。是知吉凶在人，圣人之垂戒深矣。人诚能作内而不作外，用静而不用作，循分守常，斯亦安往而不吉哉！

【注释】

　　①卜筮（shì）：古时占卜，用火灼龟甲取兆以预测吉凶为卜，用蓍草占休咎为筮。

　　②《洪范》稽疑之篇：传说箕子在周武王灭商后对他陈述天地之大法，后被传录取名《洪范》。"释疑"为九种治国大法中的第七种。

【译文】

　　在古代，占卜以龟甲为重器，占筮以蓍草为重器，因此，务必是卜占与筮占皆赞同，一件事才可被称为吉。若龟甲和蓍草中有一个不赞同，或是两者都不赞同，那么事情便是无吉兆甚至是凶险了。

《洪范》中关于卜筮的篇章里说，对于卜占赞同而筮占不赞同的情形，仍然可以视为吉，为内吉。而对龟甲和蓍草占卜的结果都与人的意愿相违的情况，《洪范》也认为是吉，称为静吉。

由此可知，决定吉凶的在做事的人自己，圣人已经训诫得很清楚了。人若能安分守己，静守常道，在内行之而不在外行之，对有违道义的事守静不做，这岂不是无往而不利的好方法吗？

二一四

每见勤苦之人绝无痨疾[1]，显达之士多出寒门，此亦盈虚消长[2]之机，自然之理也。

【注释】

①痨疾：即痨病，此处泛指各种因为养尊处优而得的富贵病。

②盈虚消长：即物极必反、此消彼长的意思。

【译文】

常见勤勉刻苦的人绝对不会患上富贵病，而显贵闻达之士往往出自寒门中，这可看成是盈则亏而消则长的自然规律。

二一五

欲利己，便是害己；肯下人^①，终能上人^②。

【注释】

① 下人：屈居他人之下。

② 上人：在他人之上。

【译文】

总想对自己有利，反而害了自己；能屈居人下，终有一天也能居于人上。

二一六

古之克孝^①者多矣，独称虞舜为大孝，盖能为其难也；古之有才者众矣，独称周公^②为美才，盖能本于德也。

【注释】

① 克孝：尽孝。

② 周公：即周公旦，西周初年政治家，曾辅佐武王伐商，武王死后，成王年幼，周公摄政。以贤能为后世称誉。

【译文】

古人中能尽孝的很多，只有虞、舜被称为至孝，就是因为他能做那些为人所难为的事；古人中有才能的人也有很多，只有周公被赞为最高，就是因为周公的才能是以道德为基础的。

二一七

不能缩头者，且休缩头①；可以放手者，便须放手。

【注释】

① 缩头：喻指逃避。

【译文】

不该逃避的事，就应该勇敢面对；可以放手的事，就应该痛快地放手。

二一八

居易①俟②命，见危授③命，言命者，总不外顺受其正④；木讷近仁⑤，巧令鲜仁⑥，求仁者，即可知从入之方。

【注释】

① 易：平易无危害的境况。

② 俟：等候。

③ 授：给予。

④ 顺受其正：语出《孟子·尽心上》："莫非命也，顺受其正。是故知命者不立乎岩墙之下。"意为顺应命运的安排就是正常的命运。

⑤ 木讷近仁：语出《论语·子路》："刚毅木讷，近仁。"

木讷，迟钝，话不多。

⑥巧令鲜仁：语出《论语·学而》："巧言令色，鲜乎仁。"巧令，即巧言令色，以花言巧语和谄媚之态来取悦他人。

【译文】

身处平安无危的日子而等候效命的机会，一旦有危难降临便挺身而出，所谓命运，总不外乎顺应命运的安排尽力而为。拙朴而不善辞令可以算是贴近道德的境界了，而那些用花言巧语和媚态去取悦他人的人则没什么道德可言。那些追求仁义道德的人，可以从中知道该由何处做起了。

二一九

见小利，不能立大功；存私心，不能谋公事。

【译文】

只能见到蝇头小利之人，是不能立下大功绩的；总是存着私欲，是不能让他去为众人谋事的。

二二〇

正己①为率人之本，守成②念创业之艰。

【注释】

①正己：律己。

②守成：守住已成就的事业。

严格律己是为人表率的根本，守住已成就的事业要切记创业时的艰辛。

二二一

在世无过百年，总要做好人、存好心，留个
后代榜样；谋生各有恒业，哪得管闲事、说闲话，
荒我正经工夫。

【译文】

人活一世，不过百年，总要当好人、存善心，为后人做出个榜样；谋生是个人功业，须持之以恒，哪顾得上管无聊事、说无聊话，荒废了正当营生。

学而书馆

出 版 人：史宝明
出 品 人：许　永
责任编辑：周亚灵
特邀编辑：黎福安
装帧设计：海　云
印制总监：蒋　波
发行总监：田峰峥

投稿信箱：cmsdbj@163.com
发　　行：北京创美汇品图书有限公司
发行热线：010-59799930

创美工厂
官方微博

创美工厂
微信公众平台